中国特色高水平高职学校项目建设成果

电子装配工艺

邵 然 ◎ 主 编
吕 娜 侯 伟 陈 瑶 郭 娜 ◎ 副主编
王永强 ◎ 主 审

中国铁道出版社有限公司
CHINA RAILWAY PUBLISHING HOUSE CO., LTD.

内 容 简 介

本书是校企合作双元开发的教材,系参考电子技术类国家职业标准、电子设备装接员国家职业标准以及电子设备调试员国家职业标准编写而成。全书采用项目任务式的模式编写,由 6 个项目(包含 16 个任务)组成,主要包括组装电源指示灯、装配测光指示器、选用信号发生器、选用示波器、调试无线遥控车及设计综合电路等。在内容编排上既注重基础理论和基础技能的介绍,也关注新技术的应用,积极引导学生自主学习,提高学习的积极性。

本书适合作为高等职业院校电子信息工程技术专业基础教材,也可作为中等职业学校电子信息类专业教材,还可供广大从事电子技术的工程技术人员参考。

图书在版编目(CIP)数据

电子装配工艺 / 邵然主编. -- 北京:中国铁道出版社有限公司, 2024. 9. -- ISBN 978-7-113-31364-7

Ⅰ. TN805

中国国家版本馆 CIP 数据核字第 2024UE7175 号

书　　名:**电子装配工艺**
作　　者:邵　然

策　　划:祁　云　　　　　　　　　　编辑部电话:(010)63549458
责任编辑:祁　云　绳　超
封面设计:刘　莎
责任校对:安海燕
责任印制:樊启鹏

出版发行:中国铁道出版社有限公司(100054,北京市西城区右安门西街 8 号)
网　　址:https://www.tdpress.com/51eds/
印　　刷:河北宝昌佳彩印刷有限公司
版　　次:2024 年 9 月第 1 版　2024 年 9 月第 1 次印刷
开　　本:850mm×1 168mm 1/16　印张:13.5　字数:336 千
书　　号:ISBN 978-7-113-31364-7
定　　价:46.00 元

版权所有　侵权必究

凡购买铁道版图书,如有印制质量问题,请与本社教材图书营销部联系调换。电话:(010)63550836
打击盗版举报电话:(010)63549461

中国特色高水平高职学校项目建设成果系列教材

编审委员会

主　任：刘　申　哈尔滨职业技术大学党委书记
　　　　孙凤玲　哈尔滨职业技术大学校长

副主任：金　淼　哈尔滨职业技术大学宣传（统战）部部长
　　　　杜丽萍　哈尔滨职业技术大学教务处处长
　　　　徐翠娟　哈尔滨职业技术大学国际学院院长

委　员：黄明琪　哈尔滨职业技术大学马克思主义学院党总支书记
　　　　栾　强　哈尔滨职业技术大学艺术与设计学院院长
　　　　彭　彤　哈尔滨职业技术大学公共基础教学部主任
　　　　单　林　哈尔滨职业技术大学医学院院长
　　　　王天成　哈尔滨职业技术大学建筑工程与应急管理学院院长
　　　　于星胜　哈尔滨职业技术大学汽车学院院长
　　　　雍丽英　哈尔滨职业技术大学机电工程学院院长
　　　　赵爱民　哈尔滨电机厂有限责任公司人力资源部培训主任
　　　　刘艳华　哈尔滨职业技术大学质量管理办公室教学督导员
　　　　谢吉龙　哈尔滨职业技术大学机电工程学院党总支书记
　　　　李　敏　哈尔滨职业技术大学机电工程学院教学总管
　　　　王永强　哈尔滨职业技术大学电子与信息工程学院教学总管
　　　　张　宇　哈尔滨职业技术大学高建办教学总管

编写说明

实施中国特色高水平高职学校和专业建设计划（简称"双高计划"）是教育部、财政部为建设一批引领改革、支撑发展、中国特色、世界水平的高等职业学校和骨干专业（群）而做出的重大决策。哈尔滨职业技术大学（原哈尔滨职业技术学院）入选"双高计划"建设单位，学校对中国特色高水平学校建设进行顶层设计，编制了站位高端、理念领先的建设方案和任务书，并扎实开展了人才培养高地、特色专业群、高水平师资队伍与校企合作等项目建设，借鉴国际先进的教育教学理念，开发中国特色、国际水准的专业标准与规范，深入推动"三教改革"，组建模块化教学创新团队，实施"课程思政"，开展"课堂革命"，校企双元开发活页式、工作手册式、新形态教材。为适应智能时代先进教学手段应用，学校加大优质在线资源的建设，丰富教材的信息化载体，为开发工作过程为导向的优质特色教材奠定基础。

按照教育部印发的《职业院校教材管理办法》要求，教材编写总体思路是：依据学校双高建设方案中教材建设规划、国家相关专业教学标准、专业相关职业标准及职业技能等级标准，服务学生成长成才和就业创业，以立德树人为根本任务，融入课程思政，对接相关产业发展需求，将企业应用的新技术、新工艺和新规范融入教材之中。教材编写遵循技术技能人才成长规律和学生认知特点，适应相关专业人才培养模式创新和课程体系优化的需要，注重以真实生产项目、典型工作任务及典型工作案例等为载体开发教材内容体系，实现理论与实践有机融合，满足"做中学、做中教"的需要。

本系列教材是哈尔滨职业技术大学中国特色高水平高职学校项目建设的重要成果之一，也是哈尔滨职业技术大学教材建设和教法改革成效的集中体现。教材体例新颖，具有以下特色：

第一，教材研发团队组建创新。按照学校教材建设统一要求，遴选教学经验丰富、课程改革成效突出的专业教师担任主编，邀请相关企业作为联合建设单位，形成了一支学校、行业、企业高水平专业人才参与的开发团队，共同参与教材编写。

第二，教材内容整体构建创新。精准对接国家专业教学标准、职业标准、职业技能等级标准确定教材内容体系，参照行业企业标准，有机融入新技术、新工艺、新规范，构建基于职业岗位工作需要的体现真实工作任务、流程的内容体系。

第三，教材编写模式形式创新。与课程改革相配套，按照"工作过程系统化""项目+任务式""任务驱动式""CDIO式"四类课程改革需要设计四大教材编写模式，创新新形态、活页式及工作手册式教材三大编写形式。

第四，教材编写实施载体创新。依据本专业教学标准和人才培养方案要求，在深入企业调研、岗位工作任务和职业能力分析基础上，按照"做中学、做中教"的编写思路，以企业典型工作任务为载体进行教学内容设计，将企业真实工作任务、真实业务流程、真实生产过程纳入教材之中。开发了教学内容配套的教学资源①，满足教师线上线下混合式教学的需要，本教材配套资源同时在相关平台上线，可随时下载相应资源，满足学生在线自主学习课程的需要。

第五，教材评价体系构建创新。从培养学生良好的职业道德、综合职业能力与创新创业能力出发，设计并构建评价体系，注重过程考核和学生、教师、企业等参与的多元评价，在学生技能评价上借助社会评价组织的"1+X"考核评价标准和成绩认定结果进行学分认定，每部教材均根据专业特点设计了综合评价标准。

为确保教材质量，哈尔滨职业技术大学组建了中国特色高水平高职学校项目建设系列教材编审委员会，教材编审委员会由职业教育专家和企业技术专家组成。学校组织了专业与课程专题研究组，对教材持续进行培训、指导、回访等跟踪服务，有常态化质量监控机制，能够为修订完善教材提供稳定支持，确保教材的质量。

本系列教材是在学校骨干院校教材建设的基础上，经过几轮修订，融入课程思政内容和课堂革命理念，既具积累之深厚，又具改革之创新，凝聚了校企合作编写团队的集体智慧。本系列教材的出版，充分展示了课程改革成果，为更好地推进中国特色高水平高职学校项目建设做出积极贡献！

哈尔滨职业技术大学中国特色高水平高职
学校项目建设系列教材编审委员会
2024年7月

---

① 2024年6月，教育部批复同意以哈尔滨职业技术学院为基础设立哈尔滨职业技术大学（教发函〔2024〕119号）。本书配套教学资源均是在此之前开发的，故署名均为"哈尔滨职业技术学院"。

前言

"电子装配工艺"是高等职业院校电子信息类专业特别是电子信息工程技术专业的必修专业基础课程。为了适应我国高职教育"三教"改革的需要,培养面向生产一线和管理一线的高技能人才,编写了本书。书中吸收了电子装配工艺相关理论与实践的新成就,根据现实工作岗位对从业人员必备基本知识与技能的要求,着力培养职业能力。在电路、模拟电子技术、数字电子技术等方面阐述了电子装配工艺的基本理论、基本技能和基本方法。

本书根据《高等职业学校专业教学标准(试行)》,以及教育部关于教材建设的相关文件编写。本书采用项目导向、任务驱动的教学模式编写,全书由6个项目(包含16个任务)组成,包括:组装电源指示灯、装配测光指示器、选用信号发生器、选用示波器、调试无线遥控车及设计综合电路等内容。

本书特色如下:

1. 在体系上以项目任务为主线,符合学生的认识过程和学习规律

本书在体系编排上,以学生为中心,在全方位服务于师生教学的同时,兼顾学生职业发展和用人单位需要。实现教学资源与教学内容的有效对接,融"教、学、做"为一体。教材内容改变了以知识点为体系的框架,以任务为主线组织编写。在每一任务中,紧紧围绕教学目标,引出任务,提出解决问题的引导并提供完成任务所需的信息资源。

2. 在内容上采用理论与实践相结合的模式,增加数字化教学资源,关注新技术的发展

教材内容取舍的基本依据是课程教学大纲中的基本要求。一方面注重基础理论和基础技能的相关知识介绍,满足基本电子装配技术的培养要求。另一方面,随着科技的迅猛发展,教育观念的不断更新,以及新器件、新技术的大量涌现和网络技术的广泛应用,结合培养目标加入了新知识、新技术的相关综合任务环节,并针对重点难点增加视频讲解,可通过扫描二维码观看学习。

3. 在教法上以提高学习兴趣为出发点，充分体现"做中学"的理念

表现形式上将知识、体验、拓展、互动融为一体，打造生动、立体的课堂，提高学生的学习兴趣和主动性，改变了传统的教学模式，体现"做中学"的理念。学生在完成任务的同时，自主学习实际知识和技能。学生以完成任务为目标，在小组中根据个人兴趣和能力的差异来确定任务的分工，分头查阅资料或进行小组讨论，对任务的问题形成一定见解；教师组织全班或分组进行讨论，针对任务反映的问题，由学生提出解决方法，教师只做简短的点评或补充性、提高性的总结。学生在参与任务分析的过程中做到独立思考，更好地理解和掌握相应的知识点。

4. 在学习成果评价上实行多元开放评价，提高学习的积极性

摒弃传统固定、统一的评判标准，拒绝教师单一的评价，实行多元开放评价，指导学生开展自评和互评，最终的评价结果以互评、自评和教师评价相结合的方式体现。这样设计的优点在于能鼓励学生大胆尝试、探索和创造，使学生发现自己的点滴进步，保护学习的积极性，引发求知欲，树立自信心，力求使每位学生都能在活动中获得成功的体验和相应的发展。

本书由邵然任主编，负责拟订大纲和总撰；吕娜、侯伟、陈瑶、郭娜任副主编。全书由王永强主审。具体分工如下：项目一、项目二、项目三由邵然编写，项目四由吕娜、侯伟编写，项目五由郭娜编写，项目六由陈瑶、侯伟编写。

本书在编写过程中吸收了国内外专家、学者的研究成果和先进理念，参考了大量相关的文献、著作和网络资料，在此谨向所有专家、学者及相关资料的编著者表示衷心的感谢！

限于编者水平，书中难免有疏漏之处，恳请广大读者批评指正。

编　者

2024 年 6 月

目 录

项目一　组装电源指示灯　1

　　项目引入　1
　　学习目标　1
　　项目实施　2
　　　　任务1　识别元器件　2
　　　　任务2　检测元器件　20
　　　　任务3　组装电源指示灯　31
　　项目总结　38

项目二　装配测光指示器　39

　　项目引入　39
　　学习目标　39
　　项目实施　40
　　　　任务1　仿真测光指示器电路　40
　　　　任务2　焊接测光指示器电路　56
　　项目总结　74

项目三　选用信号发生器　75

　　项目引入　75
　　学习目标　75
　　项目实施　76
　　　　任务1　选择信号发生器　76
　　　　任务2　使用信号发生器　82
　　　　任务3　分析测量误差　100
　　项目总结　114

项目四　选用示波器　115

　　项目引入　115

　　学习目标　115
　　项目实施　116
　　　　任务1　选择示波器　116
　　　　任务2　使用示波器进行基本操作　122
　　　　任务3　使用示波器进行测试　137
　　　　任务4　使用示波器触发、X-Y 模式和存储功能　147
　　项目总结　158

项目五　调试无线遥控车　160

　　项目引入　160
　　学习目标　160
　　项目实施　161
　　　　任务1　装配无线遥控车整机　161
　　　　任务2　调试无线遥控车　177
　　项目总结　186

项目六　设计综合电路　187

　　项目引入　187
　　学习目标　187
　　项目实施　188
　　　　任务1　设计程控电源　188
　　　　任务2　设计数字钟　195
　　项目总结　204

附录A　图形符号对照表　205

参考文献　206

项目一
组装电源指示灯

项目引入

某科技公司制作的电子设备需要在接通电源后,用三个 LED 灯循环点亮来提醒用户设备已经成功接通电源,请你根据公司设计的电路图,完成该电路的组装。要求选择合理的基本元器件,采用三个 LED 灯模拟完成流动灯的显示,在组装过程中需要对使用的元器件进行识别和检测,同时在面包板上进行简单的功能测试,完成功能验证。该公司编制了项目设计任务书,具体见表1-1。

表1-1 项目设计任务书

项目一	组装电源指示灯	课程名称	电子工艺综合实训
教学场所	电子工艺实训室	学时	4
项目要求	（1）根据给定电路,选择合理元器件并在组装之前进行元器件检测。 （2）电源通电之后,LED 灯一次导通,实现循环点亮效果。 （3）在面包板上完成组装电源指示灯电路。 （4）验证基本电路功能		
器材设备	电子元件、基本电子装配工具、测量仪器、多媒体教学系统		

学习目标

一、知识目标

（1）能够阐述元器件常见参数指标;
（2）能够阐述电路检测原理;
（3）能够识别常见元器件类别。

二、能力目标

（1）能够根据产品需求选择合适的元器件;

(2) 能够根据产品的需求对所选择的元器件进行基本的检测；

(3) 能够依据电路原理图在面包板上进行电路的简单搭建。

三、素质目标

(1) 养成质量意识和安全意识；

(2) 养成集体意识和团队合作精神。

项目实施

任务1　识别元器件

任务解析

按照项目要求，在电路设计和制作过程中，首先需要对电路进行分析，根据电路工作原理确定组装电路需要的元器件并正确选择元器件。要根据需求正确选择元器件，就需要对常用的元器件有基本的了解，熟悉常用元器件的型号、参数以及基本特性。通过这些知识的综合运用，结合实际的任务需求，选择合理的元器件。

知识链接

一、电阻

1. 电阻的基本知识

电子在物体内做定向运动时会遇到阻力，这种阻力称为电阻。具有一定电阻值的元器件称为电阻器，习惯简称电阻。电阻器是在电子电路中应用最多的元件之一，常用来进行电压、电流的控制和传送。电阻器通常按如下方法分类：

按照制造工艺或材料可分为：合金型（线绕电阻、精密合金箔电阻）、薄膜型（碳膜、金属膜、化学沉淀膜及金属氧化膜等）、合成型（合成膜电阻、实芯电阻）。

按照使用范围及用途可分为：普通型（允许偏差为 ±5%、±10%、±20%）、精密型（允许偏差为 ±2% ~ ±0.001%）、高频型（又称无感电阻）、高压型（额定电压可达 35 kV）、高阻型（阻值在 10 MΩ 以上，最高可达 10^{14} Ω）、敏感型（阻值对温度、光照、压力、气体等敏感）、集成电阻（又称电阻排）。

扫一扫
电阻器

按照功率可分为：(1/8) W、(1/4) W、(1/2) W、1 W 等的色环碳膜电阻，它是电子产品和电子制作中用得最多的。在一些微型产品中，还会用到 (1/16) W 的电阻，它的体积小得多。

2. 电阻器的主要性能参数和识别方法

电阻器的主要性能参数包括标称阻值、允许偏差和额定功率。

(1) 标称阻值和允许偏差

电阻器的标称阻值和允许偏差一般都标在电阻的体表。通常所说的电阻值即电阻器的标称阻值。

电阻的单位是欧姆，简称"欧"，用字母 Ω 表示。为识别和计算方便，也常以千欧（kΩ）和兆欧（MΩ）为单位，即 $1\ \text{M}\Omega = 10^3\ \text{k}\Omega = 10^6\ \Omega$。电阻器的标称阻值往往和它的实际值不完全相符。实际值和标称阻值的偏差，除以标称阻值所得的百分数，即为电阻的允许偏差，它反映了电阻的精度。不同的精度有一个相应的允许偏差，电阻的标称阻值按偏差等级分类，国家规定有 E24、E12、E6 系列，其偏差分别为Ⅰ级（±5%）、Ⅱ级（±10%）、Ⅲ级（±20%）。

(2) 额定功率

当电流通过电阻器的时候，电阻器便会发热。功率越大，电阻器的散热量就越大。如果是电阻器发热的功率过大，电阻器就会被烧坏。电阻器在正常大气压及额定温度下，长期连续工作并能满足规定的性能要求时，所允许耗散的最大功率，称为电阻器的额定功率。电阻器的额定功率通用符号如图 1-1 所示。

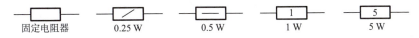

图 1-1 电阻器的额定功率通用符号

3. 电阻器的标识方法

电阻器常用的标识方法有：直标法、文字符号法、色标法和数码表示法。

(1) 直标法

直标法是用阿拉伯数字和单位符号在电阻器表面直接标出标称阻值和允许偏差，其中允许偏差用百分数表示，如图 1-2(a) 所示。

(2) 文字符号法

文字符号法是用阿拉伯数字和文字符号两者有规律的组合来表示标称阻值和允许偏差，其中允许偏差也用文字符号表示，如图 1-2(b) 所示。

图 1-2 电阻直标法和文字符号法

(3) 色标法

色标法是用不同颜色的色带或色点在电阻器表面标出标称阻值和允许偏差。色标法常见的有四环色标法和五环色标法，标识方法如图 1-3 所示。

例如四环电阻的色标分别是红、黑、橙、金，其阻值是 $20\ \Omega \times 10^3 = 20\ \text{k}\Omega$，允许偏差是 ±5%；又如五环电阻的色标分别是绿、蓝、黑、红、棕，其阻值是 $560\ \Omega \times 10^2 = 56\ \text{k}\Omega$，允许偏差是 ±1%。

(4) 数码表示法

数码表示法常见于集成电阻器和贴片电阻器等。例如，在集成电阻器表面标出 503，代表其阻值是 $50\ \Omega \times 10^3 = 50\ \text{k}\Omega$。

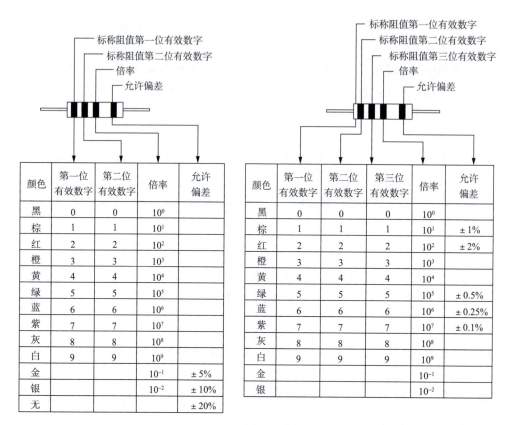

图1-3 电阻色环图示

4. 常用的固定电阻器

(1) 碳膜电阻器

性能特点：有良好的稳定性、负温度系数小、高频特性好、受电压频率影响较小、噪声电动势较小、脉冲负荷稳定、阻值范围宽。因其制作容易、生产成本低，运用广泛。

阻值范围：1 Ω ~ 10 MΩ。

额定功率：(1/8) W、(1/4) W、(1/2) W、1 W、2 W、5 W、10 W 等。

(2) 金属膜电阻器

性能特点：金属膜电阻器的稳定性好、耐热性能好、温度系数小、电压系数比碳膜电阻器更好。它的工作频率范围大，噪声电动势很小，可在高频电路中使用。在相同功率条件下，它比碳膜电阻器体积小很多，但这种电阻器脉冲负荷稳定性较差。

阻值范围：1 Ω ~ 200 MΩ。

额定功率：(1/8) W、(1/4) W、(1/2) W、1 W、2 W 等。

金属膜电阻器其外形结构与普通碳膜电阻器相同。

(3) 金属氧化膜电阻器

性能特点：它比金属膜电阻器抗氧化能力强，抗酸、抗盐的能力强，耐热性能好。缺点是由于材料特性和膜层厚的限制，阻值范围小。

阻值范围：1 Ω ~ 200 kΩ。

额定功率：1/8～10 W，25～50 kW。

(4) 合成碳膜电阻器

性能特点：合成碳膜电阻器的生产工艺简单，因此价格低廉，它的阻值范围大，可达 10 MΩ～10^6 MΩ。其缺点是抗湿性差，电压稳定性低，频率特性不好，噪声大。它不适用于通用电阻器。

额定功率：1/4～5 W。

最高工作电压：35 kV。

(5) 有机合成实芯电阻器

性能特点：这种电阻器机械强度高、可靠性好，具有较强的过负荷能力，体积小、价格低廉。固有噪声大、分布参数大，电压和温度稳定性差。这种电阻器不适用于要求高的电路。

阻值范围：4.7 Ω～22 MΩ。

工作电压：250～500 V。

额定功率：1/4～2 W。

(6) 玻璃釉电阻器

性能特点：这种电阻器耐高温、耐湿性好、稳定性好、噪声小、温度系数小、阻值范围大。该电阻器属于厚膜电阻。

(7) 线绕电阻器

性能特点：这种电阻器噪声小，甚至无电流噪声；温度系数小、热稳定性好、耐高温、功率大、能承受大功率负荷。缺点是高频特性差。

阻值范围：0.1 Ω～5 MΩ。

额定功率：1/8～500 W。

线绕电阻器分为固定式和可调式两种。

(8) 熔断电阻器

性能特点：熔断电阻器在电路正常工作时，它具有普通电阻器的功能；当电路出现故障而超过其额定功率时，它会像熔丝一样熔断，将连接电路断开，从而起到保护作用。

熔断电阻器可分为绕线型、金属膜型、圆柱形片状电阻器。

5. 电位器

常用的电位器又称可变电阻器。

(1) 线绕电位器

性能特点：精度易于控制、稳定性好、电阻的温度系数小、噪声小、耐高温，但阻值范围较窄，一般在几欧到几十千欧之间。

(2) 合成碳膜电位器

性能特点：其阻值变化连续，分辨率高，阻值变化范围宽（100 Ω～5 MΩ）；对温度和湿度适应性差，使用寿命短。额定功率有 0.125 W、0.5 W、1 W、2 W 等，精度一般为 ±20%。

(3) 有机实芯电位器

性能特点：结构简单、耐高温、体积小、寿命长、可靠性高；耐压稍低、噪声大、转动力矩大。它多用于对可靠性要求较高的电路中。阻值范围为 47 Ω～4.7 MΩ，功率范围为 0.25～2 W，精度有

±5%、±10%、±20% 几种。

6. 特殊电阻器

常用的特殊电阻器如下：

（1）热敏电阻器

热敏电阻器大多数由金属氧化物按不同比例配方经高温烧结制成。它的阻值会随温度的变化而变化。常见的热敏电阻器有负温度系数热敏电阻器（NTC）、正温度系数热敏电阻器（PTC）。

检测方法：检测时，用万用表 R×1 挡。

① 常温检测方法：

a. 断电检测：在不通电的情况下，使用万用表的电阻挡（R×1 挡）测量热敏电阻的电阻值。由于热敏电阻的电阻值与温度有关，常温下的测量值可以作为参考，但要注意环境温度对测量结果的影响。

b. 记录初始值：在测量前记录下环境温度和对应的电阻值，以便后续比较。

c. 注意读数稳定性：由于热敏电阻对温度非常敏感，测量时确保万用表的探头接触良好，避免因接触不良导致读数不稳定。

② 加温检测方法：

a. 改变温度：通过外部热源（如吹风机、热水等）对热敏电阻进行加热，观察其电阻值的变化。

b. 实时监测：在加热过程中，使用万用表实时监测电阻值的变化，注意观察电阻值随温度升高或降低的变化趋势。

c. 记录变化：记录不同温度下的电阻值，以验证热敏电阻的工作特性是否符合预期。

在加热过程中要注意安全，避免过热损坏热敏电阻或造成其他安全事故。

（2）光敏电阻器

光敏电阻器大多数是由半导体材料制成的。它是利用半导体的光导特性，使电阻器的阻值随射入光线的强弱发生改变。光敏电阻器由玻璃基片、光敏层、电极组成。

检测方法：

① 用一黑纸片将光敏电阻器的透光窗口遮住，此时万用表的指针基本保持不动，阻值接近无穷大。此值越大，说明光敏电阻器性能越好。若此值很小或接近为零，说明光敏电阻器已烧穿损坏，不能再继续使用。

② 将一光源对准光敏电阻器的透光窗口，此时万用表的指针应有较大幅度的摆动，阻值明显减小。此值越小，说明光敏电阻器性能越好。若此值很大甚至无穷大，说明光敏电阻器内部电路损坏，不能再继续使用。

③ 将光敏电阻器透光窗口对准入射光线，用黑纸片在光敏电阻器的遮光窗上部晃动，使其间断受光，此时万用表指针应随黑纸片的晃动而左右摆动。如果万用表指针始终停在某一位置不随黑纸片晃动而摆动，说明光敏电阻器的光敏材料已经损坏。

（3）压敏电阻器

压敏电阻器简称压敏电阻，其特点是在该元件上的外加电压增加到某一临界值（标称电压值）时，其阻值将急剧减小。它是利用半导体材料具有非线性伏安特性原理制成的，主要有碳化硅和氧化锌压敏电阻，氧化锌压敏电阻具有更多的优良特性。

检测方法：

① 清洁电阻器的引脚；

② 将万用表设置成欧姆挡；

③ 选择合适的量程；

④ 若是机械表，需要调零校正（即将两表笔短接，观察指针是否到右端 0 位。若没到 0 位需调整电气调零旋钮）；

⑤ 将万用表的红、黑表笔分别搭在压敏电阻的两端引脚上，观察表盘读数并记录电阻值；

⑥ 判断结果。

压敏电阻器分类：

① 按布局分类：结型压敏电阻器、体型压敏电阻器、单颗粒层压敏电阻器、薄膜压敏电阻器。

② 按使用材料分类：氧化锌压敏电阻器、碳化硅压敏电阻器、金属氧化物压敏电阻器、锗（硅）压敏电阻器、钛酸钡压敏电阻器。

③ 按伏安特性分类：对称型压敏电阻器（无极性）、非对称型压敏电阻器（有极性）。

（4）湿敏电阻器

湿敏电阻器主要包括氯化锂湿敏电阻器、碳湿敏电阻器、氧化物湿敏电阻器。由感湿层、电极、绝缘体组成，灵敏度低，阻值受温度影响大，易老化，较少使用。

检测方法：

① 清洁电阻器的引脚；

② 将万用表设置成欧姆挡；

③ 选择合适的量程；

④ 若是机械表，需要调零校正（即将两表笔短接，观察指针是否到右端 0 位。若没到 0 位需调整电气调零旋钮）；

⑤ 在正常湿度下，将万用表的红、黑表笔分别搭在湿敏电阻的两端引脚上。观察表盘读数并记录电阻值。

⑥ 对湿敏电阻喷一点水雾，立即将万用表的红、黑表笔分别搭在湿敏电阻两端引脚上。观察表盘，读数并记录电阻值。

二、电容

电容器在电子仪器设备中是一种必不可少的基础元件，它的基本结构是在两个相互靠近的导体之间敷一层不导电的绝缘材料（介质）。电容器是一种储能元件，储存电荷的能力用电容量来表示，基本单位是法拉，简称"法"，用 F 表示。由于法的单位太大，因而电容量的常用单位是微法（μF）和皮法（pF）。电容器在电路中具有隔断直流电、通过交流电的特点，因此，多用于电路级间耦合、滤波、去耦、旁路和信号调谐等方面。

1. 电容器的分类

① 按结构分类有：固定电容器、可变电容器和微调电容器。

② 按电解质分类有：有机介质电容器、无机介质电容器、电解电容器和空气介质电容器等。

③ 按用途分类有：高频旁路电容器、低频旁路电容器、滤波电容器、调谐电容器、高频耦合电

容器、低频耦合电容器、小型电容器等。

④ 按极性分类有：有极性电容器和无极性电容器。

2. 电容器的主要性能参数和识别方法

(1) 标称容量和精度

标称容量是电容器的基本参数，数值标在电容体上。不同类别的电容器有不同系列的标称值。常用的标称系列与电阻的标称系列相同。应注意，某些电容器的体积过小，常常在标注容量时不标单位符号只标数值，这就需要根据电容器的材料、外形尺寸、耐压等因素加以判断，以读出真实容量值。电容器的容量精度等级较低，一般分为三级，即 ±5%、±10%、±20%，或写成Ⅰ级、Ⅱ级、Ⅲ级。有的电解电容器的容量偏差可能大于20%。

(2) 额定直流工作电压（耐压）

电容器的耐压是表示电容器接入电路后，能长期连续可靠地工作而不被击穿时所承受的最大直流电压。使用时绝对不允许超过这个耐压值，如有超过，电容器就要损坏或被击穿。如果电压超过耐压值很多，电容器则可能会爆裂。如果电容器用于交流电路中，其最大值不能超过额定直流工作电压。

3. 电容器的命名和标识方法

(1) 电容器的命名方法

根据国家标准，电容器型号的命名由四部分内容组成，其中第三部分（特征）作为补充，说明电容器的某些特征，如无说明，则只需三部分，即两个字母一个数字。大多数电容器的型号由三部分内容组成。电容器的标识格式中用字母表示产品的材料，用数字表示产品的分类，例如：CC224 表示瓷片电容器，0.22 μF。

(2) 电容器的标识方法

① 直标法。容量单位：F（法）、mF（毫法）、μF（微法）、nF（纳法）、pF（皮法）。换算关系为 $1F = 10^3 mF = 10^6 μF = 10^9 nF = 10^{12} pF$。

没标识单位的读法是：对于普通电容器标识数字为整数的，容量单位为 pF；标识数字为小数的，容量单位为 μF。对于电解电容器，省略不标出的单位是 μF。

例如：

4n7 表示 4.7 nF 或 4 700 pF；

0.33 表示 0.33 μF；

3300 表示 3 300 pF 或 0.33 μF；

510 表示 510 pF。

电容器偏差表示方法也有多种，若不注意就会产生误会。

直接表示：例如 (10 ± 0.5) pF，偏差就是 ±0.5 pF。

字母表示：D = ±0.5%，F = ±1%，G = ±2%，J = ±5%，K = ±10%，M = ±20%、N = ±30%。例如：224K 表示电容值为 0.22 μF，相对偏差为 ±10%，不要误认为是 $224 × 10^3$ pF。

② 数码表示法。一般用三位数字来表示容量的大小，单位为 pF。前两位为有效数字，后一位表示倍率，即乘以 10^i，i 为第三位数字，若第三位为数字 9，则乘 10^{-1}。

例如：

222 表示 $22 \times 10^2 = 2\,200$ pF；

479 表示 47×10^{-1} pF。

③ 色码表示法。这种表示法与电阻器的色标法类似，颜色涂在电容器的一端或顶端向引脚排列。色码一般只有三种颜色，前两环为有效数字，第三环为倍率，单位为 pF。

例如：红红橙表示 22×10^3 pF。

4. 电容器的合理选用和质量判断

(1) 电容器的合理选用

电容器种类繁多，性能指标各异，选用时应考虑如下因素：

① 电容器额定电压。不同类型的电容器有不同的电压系列，所选电容器必须在其系列之内，此外所选电容器的电压一般应使其额定值高于线路施加在电容器两端电压的 1～2 倍。选用电解电容器时应作为例外，特别是液体电解质电容器，限于自身结构特点，对其额定电压的确定一般不要高于实际电压的 1 倍以上。一般应使线路中的实际电压相当于被选电容器耐压的 50%～70%，这样才能充分发挥电解电容器的作用。不论选用何种电容器，都不得使电容器耐压低于线路中的实际电压，否则电容器将会被击穿。同时，也不必过分提高额定电压，否则不仅提高了成本，而且增大了体积。

② 标称容量及精度等级。各类电容器均有其标称值系列及精度等级。电容器在电路中作用不同，某些场合要求一定精度，而在较多场合容量范围可以相差很大。因而在确定容量精度时，应首先考虑电路对精度的要求，而不要盲目追求电容器的精度等级，因为电容器在制造过程中容量的控制较难，不同精度的电容器价格相差很大。在电源滤波、退耦电路中应选用电解电容器；在高频、高压电路中应选用瓷介电容器和云母电容器；在谐振电路中可选用云母、陶瓷、有机薄膜等电容器；用作隔直流时可选用纸介、涤纶、云母、电解等电容器；用在调谐回路时，可选用空气介质或小型密封可变电容器。

(2) 电容器的质量判断

① 对于容量大于 5 100 pF 的电容器，可用万用表 R×10k 挡、R×1k 挡测量电容器的两引线。正常情况下，指针先向 R 为零的方向摆去，然后向 R→∞ 方向退回（充电）。如果退不到 ∞，而停在某一数值上，指针稳定后的阻值就是电容器的绝缘电阻（又称漏电电阻）。一般的电容器绝缘电阻在几十兆欧以上，电解电容器在几兆欧以上。若所测电容器绝缘电阻小于上述值，则表示电容器漏电。绝缘电阻越小，漏电越严重；若绝缘电阻为零，则表明电容器已击穿短路；若指针不动，则表明电容器内部开路。

② 对于容量小于 5 100 pF 的电容器，由于充电时间很短，充电电流很小，即使用万用表的高阻值挡测也看不出指针摆动。所以，可以借助一个 NPN 型的三极管（共射电流放大系数 $\beta \geq 100$，集电极和发射极之间的穿透电流 I_{CEO} 越小越好）的放大作用来测量。

③ 测电解电容器时应注意电容器的极性，一般正极引线长。注意测量时电源的正极（黑表笔）与电容器的正极相接，电源负极（红表笔）与电容器的负极相接，这种接法称为电容器的正接。因为电容器的正接比反接时的绝缘电阻大。当电解电容器极性无法辨别时，可用以上的原理来判别。可先任意测一下漏电电阻，记住其大小，然后将电容器两引线短路一下放掉内部电荷，交换表笔再测一次。两次测量中阻值大的那一次是正向接法，黑表笔接的是电容器的正极，红表笔接的是电容器的负极。但用这种方法对漏电小的电容器不易区别极性。

④ 可变电容器的漏电、碰片，可用万用表欧姆挡来检查。将万用表的两只表笔分别与可变电容器的定片和动片引出端相连，同时将电容器来回旋转几下，指针均应在∞位置不动。如果指针指向零或某一较小的数值，说明可变电容器已发生碰片或漏电严重。

⑤ 用万用表只能判断电容器的质量好坏，不能测量其电容值是多少，若需精确地测量，则需用"电容测量仪"进行测量。

5. 电容器的代用

在选购电容器时可能买不到所需的型号或所需容量的电容器，或在维修时现有电容器与所需的不相符合时，便要考虑代用电容器。代用的原则是：电容器的容量基本相同；电容器的耐压不低于原电容器的耐压值；对于旁路电容、耦合电容，可选用比原电容量大的电容器代用；在高频电路中的电容器，代换时一定要考虑频率特性，应满足电路的频率要求。

6. 常用电容器

(1) 铝电解电容器

性能特点：铝电解电容器有正负极之分，容量大，能耐受大的脉动电流，容量偏差大，泄漏电流大；普通的不适于在高频和低温下应用，不宜使用在 25 kHz 以上频率低频旁路、信号耦合、电源滤波。

注意：电解电容的容量、耐压、极性都标在外壳上，"＋"表示正极，或用电极长引线表示。"－"表示负极，或用电极短引线表示。

(2) 电解电容器（CA）、铌电解电容器（CN）

性能特点：用烧结的钽块作正极，电解质使用固体二氧化锰，其温度特性、频率特性和可靠性均优于普通电解电容器，特别是漏电流极小，贮存性良好，寿命长，容量偏差小，而且体积小，单位体积下能得到最大的电容电压乘积，对脉动电流的耐受能力差。若损坏，易呈短路状态。

(3) 金属化纸介电容器

性能特点：体积小、容量大、自愈能力强，为其最大的优点。稳定性能、老化性能、绝缘电阻都比瓷介、云母、塑料膜电容器差，适用于对频率和稳定性要求不高的电路。

(4) 涤纶电容器

性能特点：容量大、体积小，耐热性、耐湿性好，耐压强度大。由于材料的成本不高，所以制作成本低，价格便宜。稳定性较差，适合于稳定性要求不高的地方。

(5) 云母电容器

性能特点：稳定性高、精密度高、可靠性高，介质损耗小，固有电感小，温度特性好，频率特性好，不易老化，绝缘电阻高，是优良的高频电容器。

(6) 瓷介电容器

其外层常涂有各种颜色保护漆，以表示温度系数。例如，白色和红色表示负温度系数；灰色、蓝色表示正温度系数。

性能特点：耐热性好，稳定性好，耐腐蚀性好，绝缘性能好，介质损耗小，温度系数范围宽，原材料丰富，结构简单，便于开发新产品，容量较小，机械强度小。

(7) 可变电容器

可变电容器主要用于输入调谐回路和本机振荡电路中，是一种可大可小，在一定范围内连续可调的电容器。

(8) 微调电容器

微调电容器又称半可变电容器,它的容量变化范围比可变电容器小很多,电容量可在某一小范围内调整,并可在调整后固定于某个电容值。

(9) 薄膜电容器

性能特点:频率特性好,介电损耗小,不能做成大的容量,耐热能力差。

三、电感

1. 电感的基本知识

(1) 电感器概述

扫一扫
电感

电感器的应用范围很广泛,它在调谐、振荡、耦合、匹配、滤波、陷波、延迟、补偿及偏转聚焦等电路中,都是必不可少的。由于其用途、工作频率、功率、工作环境不同,对电感器的基本参数和结构形式就有不同的要求,从而导致电感器的类型和结构多样化。电感器按工作原理不同可分为电感线圈和变压器两大类。电感器在电路中常用字母 L 表示,电感器的单位是亨利,简称"亨",用字母 H 表示,常用单位还有毫亨(mH)、微亨(μH),其换算关系为 $1\text{ H} = 10^3\text{ mH} = 10^6\text{ μH}$。

(2) 电感器的基本参数

① 电感量。在没有非线性导磁物质存在的条件下,一个载流线圈的磁通与线圈中电流成正比。其比例常数称自感系数,用 L 表示。

② 固有电容。线圈匝与匝之间的导线,通过空气、绝缘层和骨架而存在的分布电容称为固有电容。此外,屏蔽罩之间、多层绕组的层与层之间、绕组与底板之间也都存在着分布电容。由于固有电容的存在,会使线圈的等效总损耗电阻增大,品质因数降低。

③ 品质因数(Q 值)。电感器的品质因数定义为线圈的感抗 ωL 与直流等效电阻 R 之比,即 $Q = \omega L/R$。

④ 额定电流。电感器中允许通过的最大电流称为额定电流。

2. 电感器的分类

① 按电感器形式分类:固定电感器、可变电感器。

② 按导磁体性质分类:空芯线圈、铁氧体线圈、铁芯线圈、铜芯线圈。

③ 按工作性质分类:天线线圈、振荡线圈、扼流线圈、陷波线圈、偏转线圈。

④ 按绕线结构分类:单层线圈、多层线圈、蜂房式线圈。

3. 电感器型号命名方法

电感器型号一般由下列四部分组成:

第一部分:主称,用字母表示,其中 L 代表电感线圈,ZL 代表阻流圈。

第二部分:特征,用字母表示,其中 G 代表高频。

第三部分:型式,用字母表示,其中 X 代表小型。

第四部分:区别代号,用数字或字母表示。

4. 电感器的标识方法

(1) 直标法

直标法是将电感器的标称电感量用数字和文字符号直接标在电感器外壁上,电感量单位后面用一个英文字母表示其允许偏差。例如：560 μHK 表示标称电感量为 560 μH，允许偏差为 ±10%。

（2）文字符号法

文字符号法是将电感器的标称值和允许偏差值用数字和文字符号按一定的规律组合标识在电感体上。采用这种标识方法的通常是一些小功率电感器，其单位为 nH 或 μH，用 N 或 R 代表小数点。例如：4N7 表示电感量为 4.7 nH，47N 表示电感量为 47 nH，6R8 表示电感量为 6.8 μH。采用这种标识方法的电感器通常后缀一个英文字母表示允许偏差，各字母代表的允许偏差与直标法相同。

（3）色标法

色标法是指在电感器表面涂上不同的色环来代表电感量（与电阻器类似），通常用四色环表示。紧靠电感体一端的色环为第一色环，露着电感体本色较多的另一端为末环。其第一色环代表第一位有效数字，第二色环代表第二位有效数字，第三色环代表倍率（单位为 μH），第四色环为允许偏差。例如：某电感器的色环颜色分别为棕、黑、棕、金，其电感量为 100 μH，允许偏差为 ±5%。

（4）数码表示法

数码表示法是用三位数字来表示电感器电感量的标称值，该方法常见于贴片电感器上。在三位数字中，从左至右的第一位、第二位为有效数字，第三位数字表示有效数字后面所加"0"的个数（单位为 μH）。如果电感量中有小数点，则用 R 表示。电感量单位后面用一个英文字母表示其允许偏差。例如：标识为 102J 的电感器的电感量为 10×100＝1 000 μH，允许偏差为 ±5%；标识为 183K 的电感器的电感量为 18 mH，允许偏差为 ±10%。需要注意的是，要将这种标识方法与传统的方法区别开，如标识为"470"或"47"的电感器的电感量为 47 μH，而不是 470 μH。

5. 电感器的检测方法

电感线圈的参数测量较复杂，一般都是通过专用仪器进行测量，如电感测量仪和电桥。用万用表可对电感器进行最简单通断测量。方法是将万用表选在 R×1 挡或 R×10 挡，表笔接被测电感器的引出线。若指针指示电阻值为无穷大，则说明电感器断路；若电阻值接近于零，则说明电感器正常。

6. 常用电感器

（1）单层线圈

单层线圈的电感量较小，在几微亨至几十微亨之间。单层线圈通常使用在高频电路中。为了提高线圈的品质因数，单层线圈的骨架常使用介质损耗小的陶瓷和聚苯乙烯材料制作。

（2）多层线圈

单层线圈的电感量小，如要获得较大电感量时单层线圈已无法满足。因此，当电感量大于 300 μH 时，就应采用多层线圈。

（3）蜂房线圈

多层线圈的缺点之一就是分布电容较大。采用蜂房绕制方法，可以减少线圈的固有电容。所谓的蜂房式，就是将被绕制的导线以一定的偏转角（19°~26°）在骨架上缠绕。通常缠绕是由自动或半自动的蜂房式绕线机进行的。

（4）铁氧体磁芯线圈

线圈的电感量大小与有无磁芯有关。在空芯线圈中插入铁氧体磁芯，可增加电感量和提高线圈的品质因数。加装磁芯后，还可以减小线圈的体积，减少损耗和分布电容。

（5）可变电感线圈

有些场合需要对电感量进行调节，用以改变谐振频率或电路耦合的松紧，这时可采用可变电感线圈。

（6）色码电感器

色码电感器是具有固定电感量的电感器，其电感量标识方法同电阻器一样，以色环来标记。其体积小、质量小、结构牢固而可靠。

（7）扼流圈（阻流圈）

扼流圈分高频扼流圈和低频扼流圈。低频扼流圈用于电源和音频滤波。它通常有很大的电感，可达几亨到几十亨，因而对于交变电流具有很大的阻抗。扼流圈只有一个绕组，在绕组中对插硅钢片组成铁芯，硅钢片中留有气隙，以减少磁饱和。

（8）偏转线圈

偏转线圈是电视机扫描电路输出级的负载。偏转线圈的偏转灵敏度高、磁场均匀、品质因数高、体积小、价格低。

7. 变压器

变压器是基于电感发展而来的。变压器将两个线圈靠近放在一起，当一个线圈中的电流变化时，穿过另一个线圈的磁通会发生相应的变化，从而使该线圈中出现感应电动势，这就是互感应现象。变压器就是根据互感原理制成的。变压器在电路中主要用作交流变换和阻抗变换。

（1）变压器的种类

变压器的种类繁多，根据线圈之间使用的耦合材料不同，可分为空芯变压器、磁芯变压器和铁芯变压器三大类；根据工作频率的不同，又可将变压器分为高频变压器、中频变压器、低频变压器、脉冲变压器。收音机中的磁性天线是一种高频变压器；用在收音机的中频放大级，俗称"中周"的变压器是中频变压器；低频变压器的种类较多，有电源变压器、输入/输出变压器、线间变压器等。

（2）变压器的主要参数

对不同类型的变压器都有相应的参数要求。电源变压器的主要参数有：电压比、工作频率、额定电压、额定功率、空载电流、空载损耗、绝缘电阻和防潮性能等。一般低频音频变压器的主要参数有：变压比、频率特性、非线性失真、磁屏蔽和静电屏蔽、效率等。

（3）变压器的识别与检测

在电路原理图中，变压器通常用字母 T 表示。检测变压器时首先可以通过观察变压器的外观来检查其是否有明显的异常。例如，线圈引线是否断裂、脱焊，绝缘材料是否有烧焦痕迹，铁芯紧固螺钉是否松动，绕组线圈是否外露等。

① 绝缘性能的检测。用兆欧表（若无兆欧表可用万用表的 R×10k 挡）分别测量变压器铁芯与一次侧、一次侧与各二次侧、铁芯与各二次侧、静电屏蔽层与一次侧和二次侧、二次侧各绕组间的电阻值，阻值应大于 100 MΩ 或指针指在无穷大处不动；否则，说明变压器绝缘性能不良。

② 线圈通断的检测。将万用表置于 R×1 挡检测线圈绕组两个接线端子之间的电阻值，若某个绕组的电阻值为无穷大，则说明该绕组有断路性故障。电源变压器发生短路性故障后的主要现象是发热严重和二次绕组输出电压失常。通常，线圈内部匝间短路点越多，短路电流就越大，而变压器

发热就越严重。当短路严重时，变压器在空载加电几十秒之内便会迅速发热，用手触摸铁芯会有烫手的感觉，此时不用测量空载电流便可断定变压器有短路点存在。

③ 一、二次绕组的判别。电源变压器一次绕组引脚和二次绕组引脚通常是分别从两侧引出的，并且一次绕组多标有 220 V 字样，二次绕组则标出额定电压值，如 15 V、24 V、35 V 等。对于输出变压器，一次绕组电阻值通常大于二次绕组电阻值且一次绕组漆包线比二次绕组细。

④ 空载电流的检测。将二次绕组全部开路，把万用表置于交流电流挡（通常 500 mA 挡即可），并串入一次绕组中。当一次绕组的插头插入 220 V 交流市电时，万用表显示的电流值便是空载电流值。此值不应大于变压器满载电流的 10%～20%，如果超出太多，说明变压器有短路性故障。

四、其他常用元器件

1. 二极管

（1） 二极管的主要参数

一般常用的检波整流二极管有以下四个参数：

① 最大整流电流。

② 最大反向电压。

③ 最大反向电流。

④ 最高工作频率。

（2） 二极管的分类

① 按材料分：有锗二极管、硅二极管和砷化镓二极管等。

② 按结构分：有点接触二极管和面结合二极管等。

③ 按工作原理分：有隧道二极管、雪崩二极管和变容二极管等。

④ 按用途分：有检波二极管、整流二极管和开关二极管等。

片状二极管主要有整流二极管、快速恢复二极管、肖特基二极管、开关二极管、稳压二极管、瞬态抑制二极管、发光二极管、变容二极管、天线开关二极管等。它们在电子产品及通信设备中得到广泛应用。

（3） 二极管的命名方法

国家标准规定国产二极管的型号命名分为五个部分，各部分的含义如下：

第一部分用数字"2"表示主称为二极管。

第二部分用汉语拼音字母表示二极管的材料与极性。

第三部分用汉语拼音字母表示二极管的类别。

第四部分用数字表示登记顺序号。

第五部分用汉语拼音字母表示二极管的规格号。

（4） 常见的二极管

① 整流二极管。将交流电源整流成为直流电流的二极管称为整流二极管，它是面结合型的功率器件，因结电容大，故工作频率低。

② 检波二极管。检波二极管是用于把叠加在高频载波上的低频信号检出来的器件，它具有较高的检波效率和良好的频率特性。

③ 开关二极管。在脉冲数字电路中，用于接通和关断电路的二极管称为开关二极管，它的特点是反向恢复时间短，能满足高频和超高频应用的需要。

④ 稳压二极管。稳压二极管是由硅材料制成的面结合二极管，它是利用 PN 结反向击穿时的电压基本上不随电流的变化而变化的特点，来达到稳压的目的。

⑤ 变容二极管。变容二极管是利用 PN 结的电容随外加偏压而变化这一特性制成的非线性电容元件，被广泛地用于参量放大器、电子调谐及倍频器等微波电路中。

⑥ 阶跃恢复二极管。阶跃恢复二极管具有高度非线性的电抗，应用于倍频器时，利用其反向恢复电流的快速突变中所包含的丰富谐波，可获得高效率的高次倍频。它是微波领域中优良的倍频元件。

⑦ 双向触发二极管。双向触发二极管不论是正向还是反向，当输入电压小于转折电压时，二极管不通，电流很小；一旦输入电压等于转折电压，二极管导通，电流迅速上升，呈现负阻特性。

⑧ 半导体发光器件。半导体发光器件包括半导体发光二极管（简称 LED）、数码管、符号管、米字管及点阵式显示屏（简称矩阵管）等。

2. 三极管

（1）三极管分类

按材料分，有锗三极管、硅三极管等；按极性的不同，可分为 NPN 三极管和 PNP 三极管；按用途的不同，可分为大功率三极管、小功率三极管、高频三极管、低频三极管、光电三极管；按封装材料的不同，可分为金属封装三极管、塑料封装三极管、玻璃壳封装（简称玻封）三极管、表面封装（片状）三极管和陶瓷封装三极管等。

扫一扫

三极管

（2）三极管的主要参数

① 电流放大系数 β 和 h_{FE}。

② 集电极最大电流 I_{CM}。

③ 集电极最大允许功耗 P_{CM}。

④ 集电极-发射极击穿电压 U_{CEO}。

（3）三极管的检测

下面介绍用万用表检测三极管的方法，该方法比较简单、方便。

① 判别三极管的引脚。将指针式万用表置于电阻 R×1k 挡，用黑表笔接三极管的某一引脚（假设作为基极），再用红表笔分别接另外两个引脚。如果指针指示值两次都很大，该管便是 PNP 管，其中黑表笔所接的那一引脚是基极。若指针指示的两个阻值均很小，则说明这是 NPN 管，黑表笔所接的那一引脚是基极。如果指针指示的阻值一个很大，一个很小，那么黑表笔所接的引脚就不是三极管的基极，再另外换一引脚进行类似测试，直至找到基极。判定基极后就可以进一步判断集电极和发射极。仍然用万用表 R×1k 挡，将两表笔分别接除基极之外的两电极，如果是 PNP 管，用一个 100 kΩ 电阻接于基极与红表笔之间，可测得一电阻值，然后将两表笔交换，同样在基极与红表笔间接 100 kΩ 电阻，又测得一电阻值，两次测量中阻值小的一次红表笔所对应的是 PNP 管集电极，黑表笔所对应的是发射极。如果是 NPN 管，100 kΩ 电阻就要接在基极与黑表笔之间，同样阻值小的一次黑表笔对应的是 NPN 管集电极；红表笔所对应的是发射极。在测试中也可以用潮湿的手指代替 100 kΩ 电阻捏住集电极与基极。

② 估测穿透电流 I_{CEO}。穿透电流 I_{CEO} 大的三极管，耗散功率增大，热稳定性差，调整 I_c 很困难，

噪声也大，电子电路应选用 I_{CEO} 小的三极管。一般情况下，可用万用表估测三极管的 I_{CEO} 大小。用万用表 R×1k 挡测量。如果是 PNP 管，黑表笔（万用表内电池正极）接发射极，红表笔接集电极。对于小功率锗管，测出的阻值在几十欧以上；对于小功率硅管，测出的阻值在几百千欧以上，这表明 I_{CEO} 不太大。如果测出的阻值小，且指针缓慢地向低阻值方向移动，表明 I_{CEO} 大且三极管稳定性差。如果阻值接近于零，表明三极管已经击穿损坏。如果阻值为无穷大，表明三极管内部已经开路。但要注意，有些小功率硅管由于 I_{CEO} 很小，测量时阻值很大，指针移动不明显，不要误认为是断路[如塑封管 9013（NPN）、9012（PNP）等]。对于大功率管 I_{CEO} 比较大，测得的阻值大约只有几十欧，不要误认为是三极管已经击穿。如果测量的是 NPN 管，红表笔应接发射极，黑表笔应接集电极。

③ 估测电流放大系数 β。用万用表 R×1k 挡测量。如果测 PNP 管，红表笔接集电极，黑表笔接发射极，指针会有一点摆动（或几乎不动）；然后，用一只电阻（30～100 kΩ）跨接于基极与集电极之间，或用手指代替电阻捏住集电极与基极（但这两电极不可碰在一起），万用表读数立即偏向低电阻一方。指针摆幅越大（电阻越小）表明三极管的 β 值越高。两只相同型号的三极管，跨接相同阻值的电阻，万用表中读得的阻值小的管子 β 值就更高一些。如果测的是 NPN 管，则黑、红表笔应对调，红表笔接发射极，黑表笔接集电极。测试时，跨接于基极-集电极之间的电阻不可太小，亦不可使基极-集电极短路，以免损坏三极管。当集电极与基极之间跨接电阻后，万用表的指示仍在不断变小时，表明该管的 β 值不稳定。如果跨接电阻未接时，万用表指针摆动较大（有一定电阻值），表明该管的穿透电流太大，不宜采用。

④ 判断材料。经验证明，用 MF-47 型万用表的 R×1k 挡测三极管的 PN 结正向电阻值，硅管为 5 kΩ 以上，锗管为 3 kΩ 以下。用数字万用表测硅管的正向压降一般为 0.5～0.8 V，而锗管的正向压降是 0.1～0.3 V。

(4) 三极管命名方法

国产普通三极管的型号命名由五部分组成，各部分的含义如下：

第一部分用数字"3"表示主称和三极管。

第二部分用汉语拼音字母表示三极管的材料和极性。

第三部分用汉语拼音字母表示三极管的类别。

第四部分用汉语拼音数字表示登记顺序号。

第五部分用汉语拼音字母表示规格号。

(5) 常见三极管

① 塑料封装大功率三极管。塑料封装大功率三极管的体积越大，输出功率越大，用来对信号进行功率放大，要放置散热片。

② 金属封装大功率三极管。金属封装大功率三极管的体积较大，金属外壳本身就是一个散热部件。这种封装的三极管只有基极和发射极两个引脚，集电极就是三极管的金属外壳。

③ 塑料封装小功率三极管。三个引脚的分布规律有多种。小功率三极管在电子电路中主要用来发挥除放大信号功率之外的作用。例如，低频小功率三极管通常用于各种电子设备的低频放大，而高频小功率三极管则适用于高频率振荡及放大电路。

④ 达林顿三极管。这种复合管内部由两只输出功率不等的三极管按一定接线规律复合而成。主要作为功率放大管和电源调整管。

⑤ 带阻尼三极管。带阻尼三极管主要用于电视机的行输出级电路中作为行输出三极管。

3. 开关、接插件

开关和接插件的作用是断开、接通或转换电路。开关和接插件大多是串接在电路中，其质量及可靠性直接影响电子系统或设备的可靠性。其中突出的问题是接触问题，接触不可靠不仅影响电路的正常工作，而且也是噪声的重要来源之一。合理地选择和正确使用开关及接插件，将会大大降低电子设备的故障率。影响开关和接插件质量及可靠性的主要因素是温度、湿度、工业气体和机械振动等。温度、湿度、工业气体易使触点氧化，致使接触电阻增大，绝缘性能下降。振动易使接触不稳。为此，选用时应根据产品的技术条件规定的电气、机械、环境、动作次数、镀层等合理地进行选择。

(1) 开关、接插件的检测

① 根据使用条件和功能来选择合适类型的开关及接插件。

② 开关、接插件的额定电压、电流要留有一定的余量。

③ 为了接触可靠，开关的触点或接插件的线数要留有一定余量，以便并联使用或备用。

④ 尽量选用带定位的接插件，避免插错而造成故障。

⑤ 触点的接线和焊接应可靠，为防止断线和短路，焊接处应加套管保护。

(2) 接插件的分类

接插件按工作频率分为低频接插件（指频率在 100 MHz 以下的连接器）和高频接插件（指频率在 100 MHz 以上的连接器）。按外形结构特征分为圆形、矩形、印制电路板插座、带状电缆接插件等。

4. 表面安装元器件

随着电子工艺技术的发展和改进，以及电子产品体积的微型化，性能和可靠性的进一步提高，电子元器件由大、重、厚向小、轻、薄发展，出现了表面安装元器件和表面安装技术。表面安装元器件又称片状元器件或贴片式元器件。

表面安装元器件（SMC 和 SMD）是无引线或短引线的新型微小型元器件，它适合于在没有通孔的印制电路板上安装，是表面安装技术的专用元器件。表面安装元器件具有尺寸小、质量小、安装密度高，体积和质量仅为传统的通孔元器件的 60% 左右；可靠性高，抗震性好；引线短，形式简单，能牢固地贴焊在印制电路板表面，可抗震动和冲击；高频特性好，减少了引线分布特性影响，降低了寄生电容和电感，增强了抗电磁干扰和射频干扰能力；易于实现自动化。组装时无须在印制电路板上钻孔，无剪线、打弯等工序，降低了成本，易形成大规模生产。表面安装元器件按功能可分为无源、有源和机电三类。

5. 传感器

传感器又称变换器，就是指能够感受被测试的某种非电量，并能按照一定的规律转换成可用信号输出（通常为电信号）的器件或装置。目前，传感器已经广泛应用于工业、农业、交通、能源等国民经济的各个部门，国际上工业发达的国家已经把传感器的研制和应用水平作为衡量国家技术水平和工业发达程度的重要尺度之一。

① 光敏器件通常是指能将光能转变为电信号的半导体传感器件。常用的光敏器件有光敏电阻器、光电二极管和光敏三极管。在电子电路中，常应用光敏器件构成光控电路。

② 热释电红外传感器主要用于检测运动的人体，应用于控制自动门、自动灯、高级光电玩具等，所以又称运动传感器。

任务实施

本任务建议分组完成,每组 4~5 人(包括组长 1 人),组内成员分别独自完成知识链接相关知识的学习,组长根据成员的学习情况进行分工,各成员根据分工通过分头查阅资料,进行小组讨论,完成相应的工作。

一、学习相关知识,分解任务,进行小组分工

任务分工表见表 1-2,根据实际情况填写。

表 1-2 任务分工表

任务名称			
小组名称		组长	
小组成员	姓名	学号	
	姓名	学号	
	姓名	学号	
	姓名	学号	
	姓名	学号	
小组分工	姓名	完成任务	

二、对发到各组的 10 个电阻器阻值大小进行读数并填表(40 分)

电阻器读数记录表见表 1-3。

表 1-3 电阻器读数记录表

序号	电阻标识	阻值大小	允许偏差	分数
1				4
2				4
3				4
4				4
5				4
6				4
7				4
8				4
9				4
10				4

三、对发到各组的 10 个电容器大小进行读数并填表（30 分）

电容器读数记录表见表 1-4。

表 1-4　电容器读数记录表

序号	电容标识	电容大小	允许偏差	分数
1				3
2				3
3				3
4				3
5				3
6				3
7				3
8				3
9				3
10				3

四、对发到各组的 10 个电感器大小进行读数并填表（30 分）

电感器读数记录表见表 1-5。

表 1-5　电感器读数记录表

序号	电感标识	电感大小	允许偏差	分数
1				3
2				3
3				3
4				3
5				3
6				3
7				3
8				3
9				3
10				3

教师引导学生对任务进行分析和讨论，针对任务反映的问题，根据各组提出的解决方法，做简

短的点评或补充性、提高性的总结，并指导各组进行组内互评，最后完成总体评价，将评价结果填入表1-6、表1-7中。

表1-6 组内互评表

任务名称							
小组名称							
评价标准		如任务实施所示，共100分					
序号	分值	组内互评（下行填写评价人姓名、学号）					平均分
1	40						
2	30						
3	30						
总分							

表1-7 任务评价总表

任务名称						
小组名称						
评价标准		如任务实施所示，共100分				
序号	分值	自我评价（50%）			教师评价思政评价（50%）	单项总分
		自评	组内互评	平均分		
1	40					
2	30					
3	30					
总分						

任务2 检测元器件

任务解析

电阻器、电容器和电感器是常用电子元件，在实际工作中经常使用万用表对这类元件进行检测。本任务首先利用万用表测量常用元器件的参数，同时通过设计和制作完成实际电桥，理解电桥工作原理，掌握电桥的使用技巧；然后利用交直流电桥进行元器件的常用检测，为装配电源指示灯电路奠定基础。

知识链接

一、万用表测量法

1. 指针式万用表

这里以 MF-47A 型万用表为例来说明指针式万用表的原理和使用方法。

在使用前应检查指针是否指示在机械零位上，如不在零位上，可旋转表盖上的调零旋钮使指针指示在零位上。将红、黑表笔分别插入"＋"、"－"插孔中，若需测量交、直流 2 500 V 电压或 5 A 直流电流时，红表笔则应分别插到标有"2500"或"5A"的插孔中。

(1) 直流电流测量

测量 0.05～500 mA 时，转动挡位开关至对应的电流挡。测量 5 A 时，先将挡位开关置于 500 mA 直流电流量程上，再将测试表笔串联于被测电路中。

(2) 交、直流电压测量

扫一扫

万用表

测量交流 10～1 000 V 或直流 0.25～1 000 V 时，转动挡位开关至所需电压挡。测量交、直流 2 500 V 时，挡位开关应旋至交、直流 1 000 V 位置上，而后将测试表笔并联于被测电路两端。

若配以高压探头，可测量电视机≤25 kV 的高压。测量时，挡位开关应放在 50 μA 位置上，高压探头的红、黑表笔分别插入"＋"、"－"插孔中，接地夹与电视机金属底板连接，红表笔插入标有"2500"的插孔中，而后握住探头进行测量。

测量交流 10 V 电压时，读数请看交流 10 V 专用刻度。

(3) 直流电阻测量

装上电池（R14 型 1.5 V 及 6F22 型 9 V 各一只），转动挡位开关至所需测量的电阻挡，将红、黑表笔短接，调节电阻调零旋钮，使指针对准于欧姆"0"位上，然后分开表笔进行测量。

测量电路中的电阻时，应先切断电源，如电路中有电容则应先行放电。

当测量电解电容器的漏电电阻时，转动挡位开关至 R×1k 挡，红表笔必须接电容器负极，黑表笔接电容器正极。

(4) 电容测量

转动挡位开关置于 10 V 位置，将被测电容串联于任一表笔，而后并联于 10 V 交流电压电路中进行测量。

(5) 三极管的测量

① 直流放大系数 h_{FE} 的测量。先转动挡位开关至三极管调节（ADJ）位置上，将红、黑表笔短接，调节欧姆旋钮，使指针对准 300hFE 刻度线上，然后转动挡位开关到 hFE 位置，将待测三极管引脚分别插入三极管测试座的 e、b、c 管孔内，指针偏转所示数值为三极管的直流放大系数。N 型三极管应插入 N 型管孔内，P 型三极管则应插入 P 型管孔内。

② 三极管引脚极性的辨别，可用 R×1k 挡进行。先判定基极（b）。由于 b 到 c、b 到 e 分别是两个 PN 结，故其反向电阻很大，而正向电阻很小。测试时，可任意取三极管一引脚假定为基极。将红表笔接"基极"，黑表笔分别去接触另外两个引脚，若此时测得的阻值都是低阻值，则红表笔所接触引脚为基极（b），并且是 P 型管（如用上法测得的阻值均为高阻值，则为 N 型管）。如测量时两

引脚的阻值差异很大,可另选一个引脚为假定基极,直至满足上述条件为止。

再判定集电极 c。对于 PNP 管,当集电极接负电压、发射极接正电压时,电流放大倍数才比较大(NPN 管则相反)。测试时,假定红、黑表笔交换测试,将测得的两个阻值进行比较,阻值小的那次测试,红表笔所接引脚即为集电极(c),黑表笔所接引脚为发射极(e),N 型管则相反。

2. 数字万用表

数字万用表以数字方式直接显示被测对象的量值,十分便于读数。这里,结合 DT-830 型数字万用表来进行介绍。

(1) 电压的测量

将功能量程选择开关拨到 DCV 或 ACV 区域内恰当的量程挡,将电源开关拨至 ON 位置,这时即可进行直流或交流电压的测量。使用时将万用表与被测线路并联。

(2) 电流的测量

将功能量程选择开关拨到 DCA 区域内恰当的量程挡,红表笔插入 mA 插孔(被测电流小于 200 mA)或插入 10A 插孔(被测电流大于 200 mA),黑表笔插入 COM 插孔,接通电源,即可进行直流电流的测量。

(3) 电阻的测量

功能量程选择开关拨到恰当的量程挡,红表笔插入 V 插孔,黑表笔插入 COM 插孔,然后将万用表旋钮拨至 ON 位置,即可进行电阻的测量。精确测量电阻时应使用低阻挡(如 20),可将两表笔短接,测出两表笔的引线电阻,并据此值修正测量结果。

(4) 二极管的测量

将功能量程选择开关拨到二极管挡,红表笔插入 V 插孔,黑表笔插入 COM 插孔,然后将开关拨至 ON 位置,即可进行二极管的测量。

(5) 三极管的测量

将功能量程选择开关拨到 NPN 或 PNP 位置,将三极管的三个引脚分别插入 hFE 孔内,将开关拨至 ON 位置,即可进行三极管的测量。由于被测管工作于低电压、小电流状态(未达额定值),因而测出的 hFE 参数仅供参考。

(6) 线路通断的检查

将功能量程选择开关拨到蜂鸣器位置,红表笔插入 V 插孔,黑表笔插入 COM 插孔,将开关拨至 ON 位置,测量电阻,若被测线路电阻低于规定值 $(20 \pm 10)\Omega$ 时,蜂鸣器发出声音,表示线路是通的。

二、电桥法

电桥法又称指零法,它利用拾零电路作测量的指示器,工作频率很宽。其优点是能在很大程度上消除或削弱系统误差的影响,精度很高,可达到 10^{-4}。

1. 电桥的平衡条件

电桥原理图如图 1-4 所示。

$$Z_x Z_4 = Z_2 Z_3 \quad (1\text{-}1)$$

$$|Z_x||Z_4| = |Z_2||Z_3| \quad (1\text{-}2)$$

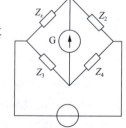

图 1-4 电桥原理图

式中，$|Z_x| \sim |Z_4|$ 为复数阻抗 Z_x、Z_2、Z_3、Z_4 的模。

$$\varphi_x + \varphi_4 = \varphi_2 + \varphi_3 \tag{1-3}$$

式中，$\varphi_x \sim \varphi_4$ 为复数阻抗 Z_x、Z_2、Z_3、Z_4 的阻抗角。

当被测元件为电阻元件时，取 $Z_x = R_x$，$Z_2 = R_2$，$Z_3 = R_3$，$Z_4 = R_4$，为一个直流单臂电桥，且有

$$R_x = R_2 R_3 / R_4 \tag{1-4}$$

电桥法的测量误差，主要取决于各桥臂阻抗的误差以及各部分之间的屏蔽效果。另外，为保证电桥的平衡，要求信号发生器的电压和频率稳定，特别是波形失真要小。

2. 交流电桥

交流电桥是一种比较仪器，它广泛地用来测量交流等效电阻、电容、自感和互感，测量的结果比较准确。常用的交流电桥电路虽然和直流单臂电桥电路具有同样的结构，但因为它的四个臂是阻抗，所以它的平衡条件、电路的组成以及实现平衡的调整过程都比直流电桥复杂。交流电桥的原理图如图1-5所示。

从图1-5中看出，交流电桥与直流单臂电桥原理电路相似。在交流电桥中，四个桥臂一般是由交流电路元件，如电阻、电感、电容组成；电桥的电源通常是正弦交流电源。交流平衡指示器的种类很多，适用于不同频率范围。频率为200 Hz以下时，可采用谐振式检流计；音频可采用耳机作

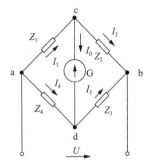

图1-5 交流电桥的原理

为平衡指示器；音频或更高的频率时也可采用电子指零仪器，也有用电子示波器作为平衡指示器的。平衡指示器要有足够的灵敏度。指示器指零时，电桥达到平衡。

三、电阻、电容与电感的测量

1. 电阻的测量

电阻在电路中多用来进行限流、分压、分流以及阻抗匹配等，是电路中应用最多的元件之一。

电阻的参数包括标称阻值、额定功率、精度、最高工作温度、最高工作电压、噪声系数及高频特性等，主要参数为标称阻值和额定功率。其中，标称阻值是指电阻上标注的电阻值；额定功率是指电阻在一定条件下长期连续工作所允许承受的最大功率。

（1）用万用表测量电阻

在用万用表测量电阻时应注意以下几个问题：

① 要防止把双手和电阻的两个端子及万用表的两个表笔并联捏在一起。如果并联捏在一起，测量值为人体电阻与被测电阻并联后的等效电阻的阻值，而不是被测电阻的阻值，与实际值的误差会超出允许值的测量结果。

② 当电阻连接在电路中时，首先应将电路的电源断开，决不允许带电测量电阻值。若电路中有电容器时，应先将电容器放电后再进行测量。若电阻两端与其他元件相连，则应断开一端后再测量，否则电阻两端连接的其他电路会造成测量结果错误。

③ 由于用万用表测量电阻时，万用表内部电路通过被测电阻构成回路，也就是说，测量时被测电阻中有直流电流流过，并在被测电阻两端产生一定的电压降，因此在用万用表测量电阻时应注意被测电阻所能承受的电压和电流值，以免损坏被测电阻。例如，不能用万用表直接测量微安表的表

头内阻，因为这样做可能使流过表头的电流超过其承受能力（微安级）而烧坏表头。

④ 万用表测量电阻时不同倍率挡的零点不同，每换一挡时都应重新进行一次调零。当某一挡调节调零电位器不能使指针回到零欧姆处时，表明表内电池电压不足，需要更换电池。

⑤ 由于指针式万用表电阻挡刻度的非线性，刻度误差较大，测量误差也较大，因而指针式万用表只能作一般性的粗略检查测量。数字万用表测量电阻的误差比指针式万用表的误差小，但当它用以测量阻值较小的电阻时，相对误差仍然是比较大的。

（2）电桥法测量电阻

当对电阻值的测量精度要求很高时，可用电桥法进行测量。测量时，可以利用电桥，接上电阻 R_x，再接通电源，通过调节电桥上的可调电阻 R_n，使电桥平衡，即检流计指示为 0，此时，读出 R_n 值，应用式（1-4）即可求出 R_x。

（3）伏安法测量电阻

伏安法是一种间接测量法，理论依据是欧姆定律 $R = U/I$。给被测电阻施加一定的电压，所加电压应不超出被测电阻的承受能力，然后用电压表和电流表分别测出被测电阻两端的电压和流过它的电流，即可算出被测电阻的阻值。伏安法有图 1-6 所示的两种测量原理图。

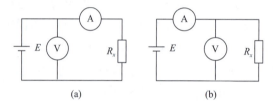

图 1-6　伏安法测量电阻原理图

图 1-6（a）所示电路称为电压表前接法。由图可见，电压表测得的电压为被测电阻 R_x 两端的电压与电流表内阻 R_A 压降之和。因此，根据欧姆定律求得的测量值为

$$R_{测} = U/I_x = (U_A + U_x)/I_x = R_x + R_A > R_x \tag{1-5}$$

图 1-6（b）所示电路称为电压表后接法。由图可见，电流表测得的电流为流过被测电阻 R_x 的电流与流过电压表内阻 R_V 的电流之和，因此，根据欧姆定律求得的测量值为

$$R_{测} = U/I_x = U_x/(I_V + I_x) = R_x/R_V < R_x \tag{1-6}$$

在使用伏安法时，应根据被测电阻的大小，选择合适的测量电路，如果预先无法估计被测电阻的大小，可以两种电路都试一下，看两种电路电压表和电流表的读数的差别情况，若两种电路电压表的读数差别比电流表的读数差别小，则可选择电压表前接法；反之，则选择电压表后接法。

（4）电位器的测量

① 万用表测量电位器。用万用表测量电位器的方法与测量固定电阻的方法相同。先测量电位器两固定端之间的总体固定电阻，然后测量滑动端对任意一端之间的电阻，并不断改变滑动端的位置，观察电阻值的变化情况，直到滑动端调到另一端为止。

在缓慢调节滑动端时，应滑动灵活，松紧适度，听不到喀喀的噪声，阻值指示平稳变化，没有跳变现象，否则说明滑动端接触不良，或滑动端的引出机构内部存在故障。

② 示波器测量电位器的噪声。示波器测量电位器噪声原理如图 1-7 所示。给电位器两端加一适

当的直流电源 E，E 的大小应不致造成电位器超功耗，最好用电池，因为电池没有纹波电压和噪声。让一恒定电流流过电位器，缓慢调节电位器的滑动端，在示波器的荧光屏上显示出一条光滑的水平亮线，随着电位器滑动端的调节，水平亮线在垂直方向移动。若水平亮线上有不规则毛刺出现，则表示有滑动噪声或静态噪声存在。

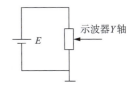

图 1-7　示波器测量电位器噪声原理图

（5）非线性电阻的测量

非线性电阻如热敏电阻、二极管的内阻等，它们的阻值与工作环境以及外加电压和电流的大小有关，一般采用专用设备测量其特性。当无专用设备时，可采用前面介绍的伏安法，测量一定直流电压下的直流电流值，然后改变电压的大小，逐点测量相应的电流，最后做出伏安特性曲线，所得电阻值只表示一定电压或电流下的直流电阻值。如果电阻值与环境温度有关时，还应制造一定外界环境。

2. 电容的测量

电容器在电路中多用来滤波、隔直、耦合交流、旁路交流及与电感元件构成振荡电路等，也是电路中应用最多的元件之一。

电解电容器是目前用得较多的电容器。它体积小、耐压值高，正极是金属片表面上形成的一层氧化膜，负极是液体、半液体或胶状的电解液。引脚有正、负极之分，故只能工作在直流状态下；如果极性用反，将使漏电流剧增。在此情况下，电解电容器将会急剧变热而使电容器损坏，甚至引起爆炸。一般厂家会在电解电容器的表面上标出正极或负极，新买来的电解电容器引脚长的一端为正极。

（1）电容器的参数

电容器的参数主要有以下几项：

① 标称电容量 C_R 和允许误差 δ：标注在电容器上的电容量，称为标称电容量 C_R；电容器的实际电容量与标称电容量的允许最大偏差，称为允许误差 δ。

② 额定工作电压：这个电压是指在规定的温度范围内，电容器能够长期可靠工作的最高电压，可分为直流工作电压和交流工作电压。

③ 漏电电流：电容器中的介质并不是绝对的绝缘体，或多或少总有些漏电。除电解电容器以外，一般电容器的漏电电流是很小的。显然，电容器的漏电电流越大，绝缘电阻越小。当漏电电流较大时，电容器会发热，发热严重时，会损坏电容器。

④ 损耗因数 d：电容器的损耗因数定义为损耗功率与存储功率之比。d 值越小，损耗越小，电容器的质量越好。

（2）电容的等效电路

由于绝缘电阻和引线电感的存在，电容的实际等效电路如图 1-8（a）所示。在工作频率较低时，可以忽略引线电感的影响，简化为如图 1-8（b）所示电路。因此，电容的测量主要是电容量与电容器损耗的测量。

图1-8 电容的实际等效电路及简化电路

（3）用万用表估测电容

用指针式万用表的电阻挡测量电容器，不能测出其容量和漏电阻的确切数值，更不能知道电容器所能承受的耐压，但对电容器的好坏程度能进行粗略判断，在实际工作中经常使用。

估测电容器的漏电流可按万用表电阻挡测量电阻的方法来进行。黑表笔接电容器的"＋"极，红表笔接电容器的"－"极，在电容器与表笔相接的瞬间，指针会迅速向右偏转很大的角度，然后慢慢返回。待指针不动时，指示的电阻值越大，表示漏电流越小。若指针向右偏转后不再摆回，说明电容器已被击穿；若指针根本不向右摆动，说明电容器内部断路。

（4）交流电桥法测量电容和损耗因数

① 串联电桥的测量。串联电桥电路如图1-9所示。

在图1-9所示的串联电桥中，由电桥的平衡条件可得

$$C_x = \frac{R_4}{R_3} C_n \tag{1-7}$$

式中，C_x 为被测电容的容量；C_n 为可调标准电容；R_3、R_4 为固定电阻。

$$R_x = \frac{R_3}{R_4} R_n \tag{1-8}$$

式中，R_x 为被测电容的等效串联损耗电阻；R_n 为可调标准电阻。

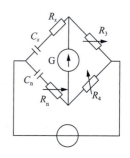

图1-9 串联电桥电路

② 并联电桥的测量。并联电桥电路如图1-10所示。

这种电桥适用于测量损耗较大的电容器。在图1-10所示的并联电桥电路中，调节 R_n 和 C_n 使电桥平衡，则有

$$\begin{cases} C_x = \frac{R_4}{R_3} C_n \\ R_x = \frac{R_4}{R_3} R_n \\ d_x = \frac{1}{2\pi f R_n C_n} \end{cases} \tag{1-9}$$

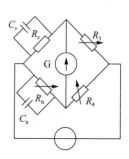

图1-10 并联电桥电路

3. 电感的测量

电感线圈在电路中多与电容一起组成滤波电路、谐振电路等。

（1）电感器的参数

电感器的主要参数有电感量及其误差、额定电流、温度系数、品质因数等。实际运用中需要测量的主要参数是电感量和品质因数。

① 电感量 L。线圈的电感量 L 又称自感系数或自感，是表示线圈产生自感能力的一个物理量。当线圈中及其周围不存在铁磁物质时，通过线圈的磁通量与其中流过的电流成正比，其比值称为线圈的电感量。电感量的单位为亨利（H），常用单位有毫亨（mH）和微亨（μH）

② 品质因数 Q。线圈的品质因数 Q 又称 Q 值，是表示线圈品质质量的一个物理量。它是指线圈在某一频率的交流电压下工作时，所呈现的感抗与其等效损耗电阻之比，即

$$Q = \frac{\omega L}{R} = \frac{2\pi f L}{R} \quad (1\text{-}10)$$

式中，R 为被测电感在频率 f 时的等效损耗电阻。

在谐振电路中，线圈的 Q 值越高，损耗越小，因而电路的效率越高。线圈 Q 值的提高往往受一些因素的限制，如导线的直流电阻、线圈骨架的介质损耗、屏蔽罩或铁芯引起的损耗、高频集肤效应的影响等。线圈的 Q 值通常为几十至几百。

③ 分布电容。线圈的匝与匝间、线圈与屏蔽罩间、线圈与磁芯和底板间存在的电容，均称为分布电容。分布电容的存在使线圈的 Q 值减小，稳定性差，因此线圈的分布电容越小越好。

(2) 电感的等效电路

电感一般是用金属导线绕制而成的，所以存在绕线电阻（对于磁性电感还应包括磁性材料插入的损耗电阻）和线圈的匝与匝之间的分布电容。故其等效电路如图 1-11 所示。

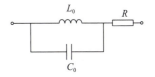

图 1-11 电感的等效电路

采用一些特殊的制作工艺，可减小分布电容 C_0。当 C_0 较小，工作频率也较低时，分布电容可忽略不计。因此，电感的测量主要是电感量和损耗的测量。

(3) 交流电桥法测量电感

测量电感的交流电桥有麦克斯韦电桥和海氏电桥，分别适用于测量品质因数不同的电感。

① 麦克斯韦电桥。麦克斯韦电桥原理图如图 1-12 所示。

由电桥的平衡条件可得

$$\begin{cases} L_x = \dfrac{R_4 R_3 C_n}{1 + \dfrac{1}{Q_n^2}} \\ R_x = \dfrac{R_4 R_3}{R_n}\left(\dfrac{1}{1 + Q_n^2}\right) \\ Q_x = \dfrac{1}{\omega R_n C_n} = Q_n \end{cases} \quad (1\text{-}11)$$

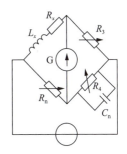

图 1-12 麦克斯韦电桥原理图

式中，L_x 为被测电感；R_x 为被测电感的损耗电阻；Q_x 为待测电感的品质因数；Q_n 为电桥的品质因数。

麦克斯韦电桥适用于测量 $Q_x < 10$ 的电感。

② 海氏电桥。海氏电桥原理图如图 1-13 所示。

由电桥的平衡条件可得

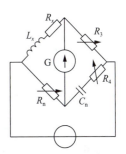

图 1-13 海氏电桥原理图

$$\begin{cases} L_x = \dfrac{R_4 R_3 C_n}{1 + \dfrac{1}{Q_n^2}} \\ R_x = \dfrac{R_4 R_3}{R_n}\left(\dfrac{1}{1+Q_n^2}\right) \\ Q_x = \dfrac{1}{\omega R_n C_n} = Q_n \end{cases} \quad (1\text{-}12)$$

海氏电桥适用于测量 $Q > 10$ 的电感。

用电桥测量电感时,首先应估计被测电感的 Q 值以确定电桥的类型;再根据被测电感量的范围选择量程,然后反复调节 R_4 和 R_n,使检流计 G 的读数最小,这时即可从 R_4 和 R_n 的刻度读出被测电感的 L_x 值和 Q_x 值。

本任务建议分组完成,每组 4~5 人(包括组长 1 人),组内成员分别独自完成知识链接相关知识的学习,组长根据成员的学习情况进行分工,各成员根据分工通过分头查阅资料,进行小组讨论,完成相应的工作。

一、学习相关知识,分解任务,进行小组分工

任务分工表见表 1-8,根据实际情况填写。

表 1-8 任务分工表

任务名称				
小组名称			组长	
小组成员	姓名		学号	
	姓名		学号	
	姓名		学号	
	姓名		学号	
	姓名		学号	
小组分工	姓名		完成任务	

二、利用万用表进行电阻元件测量 (40 分)

分别选用指针式万用表、数字万用表对发到各组的 10 个基本电阻元件进行参数测量,并将测量结果按要求填入表 1-9 中。

表 1-9 电阻测量记录表

序号	万用表类型	阻值大小	误差大小	是否符合要求	分数
1					4
2					4
3					4
4					4
5					4
6					4
7					4
8					4
9					4
10					4

三、利用设计完成的直流电桥进行电阻元件测量（30 分）

了解直流电桥的原理，原理图如图 1-14 所示。图中 R_x 为被测电阻，R_n 为 0～100 kΩ 电位器，U1 为直流电流指示器，需按照图 1-14 所示电路，在实际电桥通用板电路中进行五个电阻的参数测量，并填入表 1-10 中。

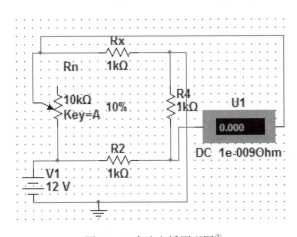

图 1-14 直流电桥原理图[①]

表 1-10 电桥测量记录表

序号	万用表测量阻值	电桥测量阻值	误差	是否符合要求	分数
1					6
2					6

---

① 类似图稿为仿真软件原图，其电路图形符号与国家标准符号不符，两者对照关系参见附录 A。

续上表

序号	万用表测量阻值	电桥测量阻值	误差	是否符合要求	分数
3					6
4					6
5					6

四、利用设计完成的交流电桥进行电容元件测量（30分）

了解交流电桥的原理，原理图如图 1-15 所示，图中 R_x 为被测电容的等效串联损耗电阻，C_1 为 $0\sim100\ \mu F$ 可调标准电容，U_1 为交流电流指示器，需按照图 1-15 所示电路，在实际电桥通用板电路中进行五个电容的参数测量，并填入表 1-11 中。

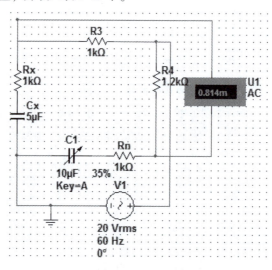

图 1-15　交流电桥原理图

表 1-11　电桥测量记录表

序号	电桥测量电容值	误差	是否符合要求	分数
1				6
2				6
3				6
4				6
5				6

任务测评

教师引导学生对任务进行分析和讨论，针对任务反映的问题，根据各组提出解决方法，做简短的点评或补充性、提高性的总结，并指导各组进行组内互评，最后完成总体评价。将评价结果填入表 1-12、表 1-13 中。

表 1-12 组内互评表

任务名称					
小组名称					
评价标准		如任务实施所示，共 100 分			
序号	分值	组内互评（下行填写评价人姓名、学号）			平均分
1	40				
2	30				
3	30				
		总分			

表 1-13 任务评价总表

任务名称					
小组名称					
评价标准		如任务实施所示，共 100 分			
序号	分值	自我评价（50%）			教师评价 思政评价（50%）	单项总分
		自评	组内互评	平均分		
1	40					
2	30					
3	30					
		总分				

任务3　组装电源指示灯

任务解析

按照项目要求，该设备包括三个 LED 灯，用来模拟电源接通的提醒信号。本任务要求电源接通以后，三只三极管争先导通，但由于元器件存在差异，只会有一只三极管先导通，通过三极管之间的电压变化，三个 LED 灯会相继轮流点亮，实现循环灯的效果。本任务要求设计者根据具体的电路图，完成所需元器件的选择、识别和检测，然后按照电路图的要求，在面包板上搭建简单的演示电路并调试，实现循环灯电路。

知识链接

一、LED 显示器

LED 显示器通常分为单色显示和彩色显示。由 LED 组成的显示器有多种表现形式，如发光二极管、LED 数码管、LED 点阵等。

1. 发光二极管

发光二极管是常用的发光器件，由于其显示信息量较少，通常用于照明、指示灯等，具有节能、响应速度快、环保等优点。

2. LED 数码管

LED 数码管是目前最常用的一种数显器件。把发光二极管制成条状，再按照一定方式连接，组成数字"8"，就构成 LED 数码管。使用时按规定使某些笔段上的发光二极管发光，即可组成 0~9 的一系列数字。目前国内外生产的 LED 数码管不仅种类繁多，型号也各异，大致有以下几种分类方式：

① 按外形尺寸分类。

② 根据显示位数划分。

③ 根据显示亮度划分。

④ 按字形结构划分。

LED 数码管的主要特点如下：

① 能在低电压、小电流条件下驱动发光，能与 CMOS、TTL 电路兼容。

② 发光响应时间极短（<0.1 μs）、高频特性好、单色性好、亮度高。

③ 体积小、质量小、抗冲击性能好。

④ 寿命长，使用寿命在 10 万 h 以上，甚至可达 100 万 h，成本低。

因此它被广泛用作数字仪器仪表、数控装置、计算机的数显器件。它由多个发光二极管封装在一起组成，按照发光二极管连接方式的不同可分为共阳极数码管和共阴极数码管。不同的封装形式可以显示不同的内容，如"8"字形、"米"字形以及特殊字符型等。以生活中使用数码管显示的电子设备举例，如洗衣机剩余时间显示、热水器温度、水量显示等。LED 数码管外观要求颜色均匀、无局部变色等。现以共阴极数码管为例介绍检查方法：将数字万用表的挡位调到二极管位置，黑表笔固定接触在 LED 数码管的公共负极端上，红表笔依次移动接触笔画的正极端。当表笔接触到某一笔画的正极端时，那一笔画就应显示出来。用这种简单的方法就可检查出数码管是否有断笔（某些笔画不能显示）和连笔（某些笔画连在一起）。若检查共阳极数码管，只需将正负表笔交换即可。数码管示意图如图 1-16 所示。

3. LED 点阵

与 LED 数码管类似，LED 点阵由多个发光二极管封装在一起组成，一般有单色和彩色两种。彩色 LED 点阵的单个像素点内包含红、绿、蓝三色 LED 灯，通过控制红、绿、蓝颜色的强度进行混色，实现彩色颜色输出，多个像素点构成一个屏幕。每个像素点都是由 LED 灯发光，像素密度较低，

图 1-16 数码管示意图

可用于大型户外显示。单色 LED 点阵应用较为广泛，如公交车上的信息显示、公告牌等。LED 点阵示意图如图 1-17 所示。

4. OLED 显示器

OLED（organic light emitting diode，有机发光二极管），又称有机电激光显示、有机发光半导体。OLED 与 LCD 显示器不同，OLED 具有自发光性好、广视角、高对比、低耗电、高反应速率、制程简单、可制作柔性屏等优点。以 OLED 技术制成的显示屏市场占有率越来越高，更多的电子设备使用 OLED 显示屏作为信息显示装置，如大部分手机显示屏、电视机显示屏、可折叠屏幕等。

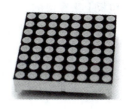

图 1-17　LED 点阵示意图

二、液晶显示器

液晶显示器（LCD）是一种新型显示器件。自问世以来，其发展速度之快、应用范围之广，都已远远超过了其他发光型显示器件。特点如下：

① 工作电压低（2~6 V），微功耗（1 μW 以下），能与 CMOS 电路匹配。

② 显示柔和，字迹清晰；不怕强光冲刷，光照越强，对比度越大，显示效果越好。

③ 体积小、质量小、平板型。

④ 设计、生产工艺简单。器件尺寸可做得很大，也可做得很小；显示内容在同一显示面内可以做得多，也可以少，且显示字符可设计得美观大方。

⑤ 高可靠、长寿命、廉价。

以应用广泛的三位半静态显示液晶屏为例，介绍液晶显示器引脚识别和性能检测。若标志不清楚时，可用下述两种方法鉴定：

① 加电显示法。取两只表笔，使其一端分别与电池组的"＋"和"－"相连。一只表笔的另一端搭在液晶显示屏上，与屏的接触面越大越好。用另一只表笔依次接触各引脚。这时与各被接触引脚有关系的段、位便在屏幕上显示出来。如遇不显示的引脚，则该引脚必为公共引脚（COM）。一般液晶显示屏的公共引脚有 1~3 个不等。

② 数字万用表测量法。万用表置二极管测量挡，使用万用表的红表笔和黑表笔分别接触液晶屏的两个不同的引脚，当出现笔段显示时，即表明两笔中有一引脚为 COM 端，由此就可确定各笔段。若屏发生故障，亦可用此法查出坏笔段。对于动态液晶屏，用同法找 COM，但屏上有不止一个 COM，不同的是，能在一个引出端上引起多笔段显示。

对选购来的 LCD，在使用前应做一般的检查。对于业余使用或一般设计制作样机的厂家，如果在检查中指针有颤动，说明该段有短路；如果某段显示时，邻近段也显示，可将邻近段外引线接一个与背电极相同的电位（用手指连接即可），显示应立即消失，这是感应显示，可以不管它，接入电路，感应显示即可消除。

三、面包板

面包板是一种多用途的万能实验板，可以将小功率的常规电子元器件直接插入，搭接出各式各样的实验电路。由于元器件可以反复插接、重复使用，便于电路调试、元件调换，因此面包板非常适合初学电子技术的用户使用。市面上的面包板种类较多，大小各异，价格相差也较大。常见的国产面包板有 130 线、120 线、46 线等多种规格，进口面包板也有多种样式和规格。

为方便初学者的使用，这里主要介绍 130 线的国产面包板，后面介绍的实验电路均是在 130 线面包板上来完成的。之所以选用 130 线，是因为这款面包板在市面上销售货源充足、价格比较实惠、板型较长，可以同时容纳较多的元件。

具体地，将实验板水平方向放置，板上左侧标有"SYB-130"字样，即表示该板为 130 线的产品。板上最上端和最下端各有一排插孔，分别标注为"X"、"Y"。每排有 11 组，每组各 5 个插孔。这 11 组插孔中，左边的 4 组连通在一起组成一个大组，中间的 3 组连通在一起组成一个大组，右边的 4 组连通在一起组成一个大组，这些大组原本并不互通，为了使用方便、统一，本套件中，除特别说明的实例外，都将"X"排定义为电源正极，将"Y"排定义为"⊥"，即电源负极（地）。因此，在多数实验的装配图中可以看到，这些原本不互通的大组分别用红色和黑色导线连接在了一起。但有的实验装配图中，根据电路需要，充分利用了这些并不互通的断点安排元件，从而简化了电路装配。这种安装方式在相应的例子中都有提示说明。

板上左侧标有"A、B、C、D、E"的各孔在垂直方向上是连通的，标有"F、G、H、I、J"的各孔在垂直方向上也是连通的。以上各组每组均有五个孔，在水平方向上均不连通。板上标有"5、10、……、65"字样是各组从左至右的顺序编号，上、下各有 65 组，总计 130 组（线）。这也就是 130 线面包板名称的由来。面包板需要放置在平整的桌面上使用，底部不能悬空，否则，各组插孔容易从底面脱出。有条件的用户可以给面包板装一个底板，底板可以是木质、塑料、有机玻璃等绝缘材料，用螺钉将实验板四角与底板固定，可确保各组插孔不会脱出。

面包板一般可以在电子元器件市场里采购到，在网上也可以方便地选购到。在选购时，进口的产品一般带有纸盒包装，板子比较精致，插接可靠，质量好，但价格相对较高。而国产的板材价格相对便宜很多，多为广东、浙江等地生产，但质量参差不齐，选购时要尽量选择颜色均匀、外观平整、四周边缘线有倒角处理的，相同规格选分量重的。而那些拿在手里轻飘飘的、外观也不是很平整、四周边线没有做倒角处理而显得十分锋利的，不宜选购，这样的产品其内部夹持簧片质量也差很多，基本没有弹性，实验时经常会导致接触不良而引发电路故障。

任务实施

本任务建议分组完成，每组 4~5 人（包括组长 1 人），组内成员分别独自完成知识链接相关知识的学习，组长根据成员的学习情况进行分工，各成员根据分工通过分头查阅资料，进行小组讨论，完成相应的工作。

一、学习相关知识，分解任务，进行小组分工

任务分工表见表 1-14，根据实际情况填写。

表1-14 任务分工表

任务名称				
小组名称			组长	
小组成员	姓名		学号	
	姓名		学号	
	姓名		学号	
	姓名		学号	
	姓名		学号	
小组分工	姓名		完成任务	

二、元器件选型（30分）

根据电路原理图（见图1-18），选择合适的器件进行元器件的识别和检测。

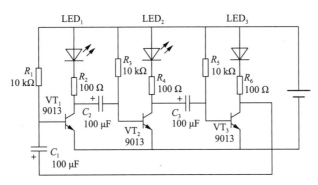

图1-18 电路原理图

三、元器件选择（10分）

选择适合本项目的可能用到的元器件及具体的参数填写表1-15。

表1-15 元器件清单

序号	器件类型	数量	大小
1			
2			
3			
4			

续上表

序号	器件类型	数量	大小
5			
6			
7			
8			
9			
10			
11			
12			
13			
14			
15			
16			

四、面包板组装（30分）

依照上述电路图，在面包板上进行电路的搭建和具体电路功能的展示，电源选用2节5号电池即可。

五、扩展电路（30分）

如果需要加快循环闪烁速度，可以适当减少 $C_1 \sim C_3$ 的容量，或者减少 R_1、R_3、R_5 的阻值。反之，如果想减慢循环闪烁速度，可以适当增加 $C_1 \sim C_3$ 的容量，或者增加 R_1、R_3、R_5 的阻值。下面，分别选择三组不同的电容和电阻进行验证，请将选用的电容和电阻具体数值填入表1-16中。

表1-16 选择的信号发生器性能指标核准表

序号	C_1	C_2	C_3	R_1	R_3	R_5	闪烁速度（慢、中、快）
1							
2							
3							

任务测评

教师引导学生对任务进行分析和讨论，针对任务反映的问题，根据各组提出解决方法，做简短的点评或补充性、提高性的总结，并指导各组进行组内互评，最后完成总体评价，将评价结果填入表1-17、表1-18中。

表 1-17　组内互评表

任务名称					
小组名称					
评价标准		如任务实施所示，共100分			
序号	分值	组内互评（下行填写评价人姓名、学号）			平均分
1	30				
2	30				
3	40				
总分					

表 1-18　任务评价总表

任务名称						
小组名称						
评价标准		如任务实施所示，共100分				
序号	分值	自我评价（50%）			教师评价思政评价（50%）	单项总分
		自评	组内互评	平均分		
1	30					
2	30					
3	40					
总分						

润物无声

质量意识

　　质量是衡量社会生产力和国家发展实力的重要标志，也是民族整体素质的客观反映。在全球化的大背景下，国与国之间的竞争以及地区与地区之间的竞争，不仅仅是资源、市场、人才、技术和标准的竞争，更是质量的竞争。成功的发达国家往往把质量发展视为国家战略，是经济社会发展必不可少的一部分。企业的生命在于质量，在激烈的市场竞争中，只有依靠质量优、价格低、服务好才能赢得顾客的青睐。要牢固树立"质量第一"的思想理念，不断加强专业知识学习和积累工作实践经验，增强质量意识，把好质量关。

　　在电子装配工艺的学习过程中，应注意质量问题，培养质量第一的意识。如果第一次就把事情做好，达到要求的标准，就不会因为返工而产生不必要的费用，从而降低了成本，提高了利润。为了保证质量，要以顾客需求为导向，养成"第一次就把事情做对"的习惯，确保正确地做事，为企业带来更多的收益。因此，虽然做质量有时很苦、很累，但为了长远发展，必须把质量做好。

项目总结

本项目主要介绍了常用元器件的识别、检测以及简单电路的面包板设计、搭建等内容。通过本项目任务的操作，掌握根据工作任务的要求合理选择元器件的方法，掌握元器件的基本识别、检测方法，能够利用面包板搭建简单的展示电路。通过分组合作培养质量意识、规范意识、安全意识、集体意识和团队合作精神。

思考与练习

（1）棕、黑、绿、棕、棕五环表示阻值为多少？
（2）如何进行电阻器的识别和检测？
（3）如何进行电容器的识别和检测？
（4）简述搭建面包板电路应该注意的问题。
（5）简述在电路制作、搭建过程中学习到了哪些规范标准。

项目二
装配测光指示器

项目引入

目前，青少年视力下降现象比较严重，其主要原因之一是青少年在阅读、书写时，环境光线照度不足导致。某科技公司提出在智能台灯设备中加入预防近视测光指示器，当光线照度符合国家要求时，绿色发光二极管亮；当光线照度低于标准照度时，红色发光二极管亮，以示警告。本项目需要设计者依据项目工程师提供的具体要求，进行简单的电路设计，并在Multisim仿真软件中进行简单的电路功能仿真，仿真验证后，利用通用电路板，进行电路的焊接装配。该公司编制了项目设计任务书，具体见表2-1。

表2-1 项目设计任务书

项目二	装配测光指示器	课程名称	电子工艺综合实训
教学场所	电子工艺实训室	学时	8
项目要求	（1）完成检测环境光线照度功能电路仿真。 （2）完成电路面包板搭建。 （3）焊接成品电路并检测具体功能。当光线照度符合国家要求时，绿色发光二极管亮；当光线照度低于标准照度时，红色发光二极管亮		
器材设备	电子元件、基本电子装配工具、测量仪器、多媒体教学系统		

学习目标

一、知识目标

（1）能够阐述电路仿真基本流程；

（2）能够阐述面包板电路搭建流程；

（3）能够阐述电路板手工焊接的基本方法步骤；

(4)能够正确评价手工焊接电路板的焊接质量。

二、能力目标

(1)能够熟练使用仿真软件进行电路的仿真搭建；
(2)能够依据电路原理图，按照布线规范在面包板上搭建电路；
(3)能够依据电路原理图，在通用电路板上用手工焊接完成电路板的组装。

三、素质目标

(1)养成精益求精的工匠精神；
(2)培养团结协作能力。

项目实施

任务1 仿真测光指示器电路

任务解析

在进行测光指示器电路设计之前，为了节约设计成本，同时能够更好地完成项目任务要求，先进行测光指示器电路的仿真和基本电路的搭建。

知识链接

一、Multisim 基本操作方法

① 双击图 2-1 所示图标启动 Multisim。

图 2-1 Multisim 仿真软件图标

② Multisim 打开后的界面，如图 2-2 所示。主要有菜单栏、工具栏、缩放栏、设计栏、仿真栏、工程栏、元件栏、仪器栏、电路图编辑窗口等。

③ 选择"文件"→"新建"→"原理图"命令，即弹出图 2-3 所示的主设计窗口。

项目二　装配测光指示器

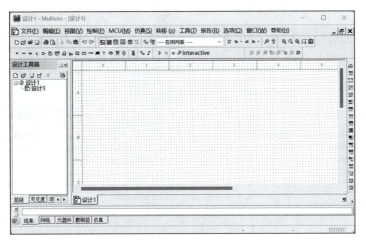

图 2-2　Multisim 仿真软件界面

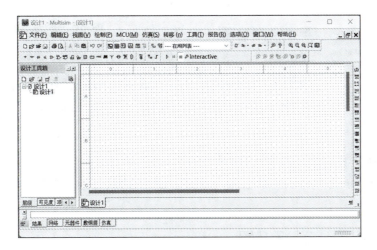

图 2-3　Multisim 主设计窗口

二、Multisim 常用元件库分类

1. 单击"放置信号源"按钮

弹出对话框中"系列"栏如图 2-4 所示。单击"放置信号源"按钮。

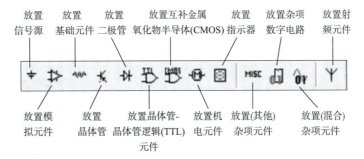

图 2-4　Multisim 信号源

① 选中"电源（POWER_SOURCES）",其"元件"栏下内容如图 2-5 所示。
② 选中"信号电压源（SIGNAL_VOLTAGE_SOURCES）",其"元件"栏下内容如图 2-6 所示。

图 2-5　电源 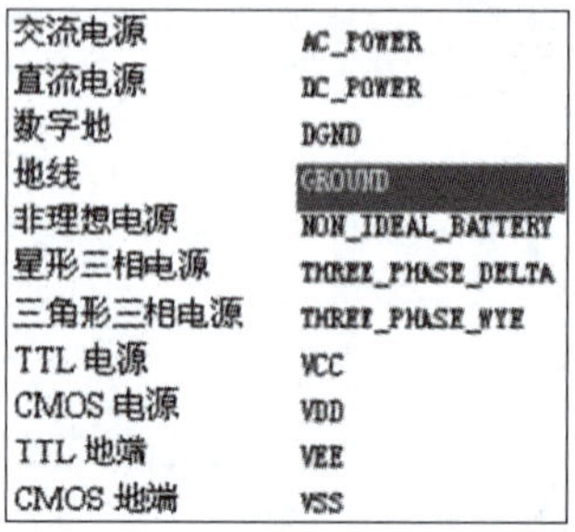　　　　　　　图 2-6　信号电压源

③ 选中"信号电流源（SIGNAL_CURRENT_SOURCES）",其"元件"栏下内容如图 2-7 所示。
④ 选中"控制函数块（CONTROL_FUNCTION_BLOCKS）",其"元件"栏下内容如图 2-8 所示。

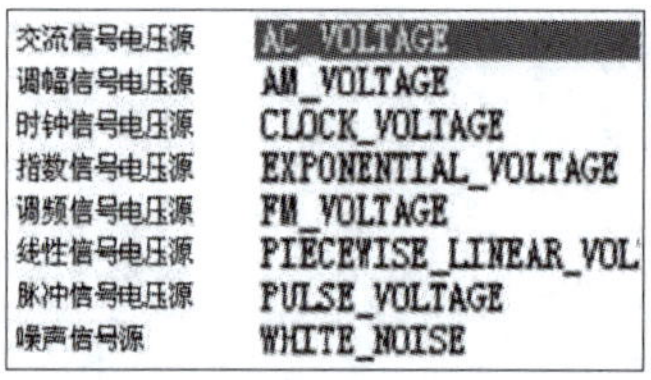

图 2-7　信号电流源 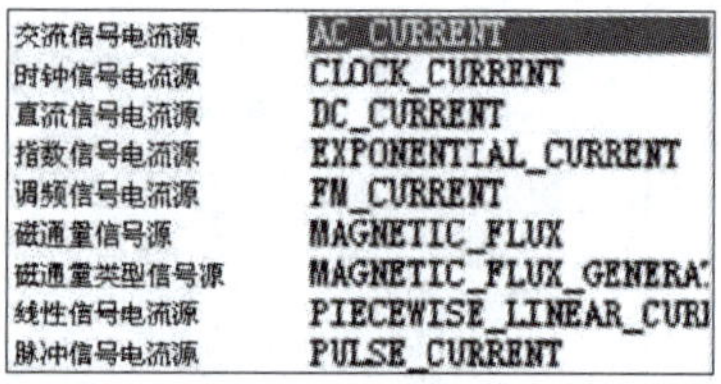　　　　　图 2-8　控制函数块

⑤ 选中"电压控源",其"元件"栏下内容如图 2-9 所示。
⑥ 选中"电流控源（CONTROLLED_CURRENT_SOURCES）",其"元件"栏下内容如图 2-10 所示。

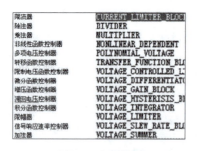

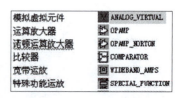

图 2-9　电压控源 　　　　　　图 2-10　电流控源

2. 单击"放置模拟元件"按钮

弹出对话框中"系列"栏如图 2-11 所示。

① 选中"模拟虚拟元件（ANALOG_VIRTUAL）",其"元件"栏中仅有虚拟比较器、三端虚拟运放和五端虚拟运放三个品种可供调用。

② 选中"运算放大器（OPAMP）"。其"元件"栏中包括了国

图 2-11　放置模拟元件

③ 选中"诺顿运算放大器（OPAMP_NORTON）"，其"元件"栏中有 16 种规格诺顿运放可供调用。

④ 选中"比较器（COMPARATOR）"，其"元件"栏中有 341 种规格比较器可供调用。

⑤ 选中"宽带运放（WIDEBAND_AMPS）"其"元件"栏中有 144 种规格宽带运放可供调用，宽带运放典型值达 100 MHz，主要用于视频放大电路。

⑥ 选中"特殊功能运放（SPECIAL_FUNCTION）"，其"元件"栏中有 165 种规格特殊功能运放可供调用，主要包括测试运放、视频运放、乘法器/除法器、前置放大器和有源滤波器等。

3. 单击"放置基础元件"按钮

弹出对话框中"系列"栏如图 2-12 所示。

① 选中"基本虚拟元件库（BASIC_VIRTUAL）"，其"元件"栏下内容如图 2-13 所示。

② 选中"定额虚拟元件（RATED_VIRTUAL）"，其"元件"栏下内容如图 2-14 所示。

图 2-12　放置基础元件

图 2-13　基本虚拟元件库　　　　图 2-14　额定虚拟元件

③ 选中"三维虚拟元件（3D_VIRTUAL）"，其"元件"栏下内容如图2-15所示。

图2-15　三维虚拟元件

④ 选中"电阻器（RESISTOR）"，其"元件"栏中有从1.0Ω到22MΩ全系列电阻器可供调用。

⑤ 选中"贴片电阻器（RESISTOR_SMT）"，其"元件"栏中有从0.05Ω到20.00MΩ系列电阻器可供调用。

⑥ 选中"电阻器组件（RPACK）"，其"元件"栏中共有7种排阻可供调用。

⑦ 选中"电位器（POTENTIOMETER）"，其"元件"栏中共有18种阻值电位器可供调用。

⑧ 选中"电容器（CAPACITOR）"，其"元件"栏中有从1.0 pF到10 pF系列电容器可供调用。

⑨ 选中"电解电容器（CAP_ELECTROLIT）"，其"元件"栏中有从0.×F到10 F系列电解电容器可供调用。

⑩ 选中"贴片电容器（CAPACITOR_SMT）"，其"元件"栏中有从0.5 pF到33 nF系列电容器可供调用。

⑪ 选中"贴片电解电容器（CAP_ELECTROLIT_SMT）"，其"元件"栏中有17种贴片电解电容器可供调用。

⑫ 选中"可变电容器（VARIABLE_CAPACITOR）"，其"元件"栏中仅有30 pF、100 pF和350 pF共3种可变电容器可供调用。

⑬ 选中"电感器（INDUCTOR）"，其"元件"栏中有从1.0 pH到9.1 H全系列电感器可供调用。

⑭ 选中"贴片电感器（INDUCTOR_SMT）"，其"元件"栏中有23种贴片电感器可供调用。

⑮ 选中"可变电感器（VARIABLE_INDUCTOR）"，其"元件"栏中仅有3种可变电感器可供调用。

⑯ 选中"开关（SWITCH）"，其"元件"栏下内容如图2-16所示。

图2-16　开关

⑰ 选中"变压器（TRANSFORMER）"，其"元件"栏中共有 20 种规格变压器可供调用。

⑱ 选中"非线性变压器（NON_LINEAR_TRANSFORMER）"，其"元件"栏中共有 10 种规格非线性变压器可供调用。

⑲ 选中"Z 负载（Z_LOAD）"，其"元件"栏中共有 10 种规格负载阻抗可供调用。

⑳ 选中"继电器（RELAY）"，其"元件"栏中共有 96 种规格直流继电器可供调用。

㉑ 选中"连接器（CONNECTORS）"，其"元件"栏中共有 130 种规格连接器可供调用。

㉒ 选中"插座、管座（SOCKETS）"，其"元件"栏中共有 12 种规格插座可供调用。

4. 单击"放置三极管"按钮

弹出对话框的"系列"栏如图 2-17 所示。

① 选中"虚拟晶体管（TRANSISTORS_VIRTUAL）"，其"元件"栏中共有 16 种虚拟晶体管可供调用，其中包括 NPN 型、PNP 型晶体管；JFET 和 MOSFET 等。

② 选中"双极结型 NPN 晶体管（BJT_NPN）"，其"元件"栏中共有 658 种规格晶体管可供调用。

③ 选中"双极结型 PNP 晶体管（BJT_PNP）"，其"元件"栏中共有 409 种规格晶体管可供调用。

④ 选中"NPN 型达林顿管（DARLINGTON_NPN）"，其"元件"栏中有 46 种规格达林顿管可供调用。

⑤ 选中"PNP 型达林顿管（DARLINGTON_PNP）"，其"元件"栏中有 13 种规格达林顿管可供调用。

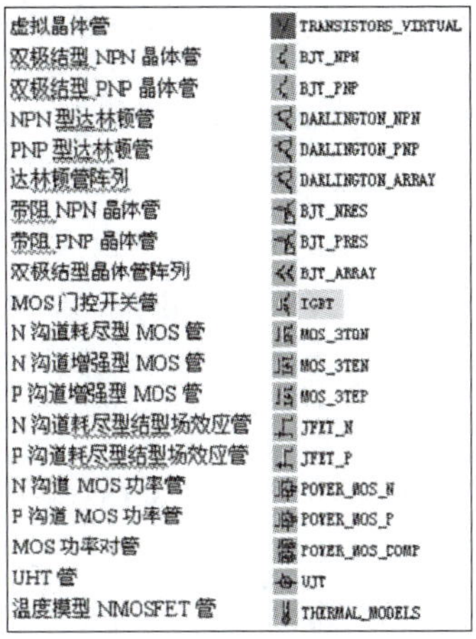

⑥ 选中"达林顿管阵列（DARLINGTON_ARRAY）"，其"元件"栏中有 8 种规格集成达林顿管可供调用。

图 2-17 放置三极管

⑦ 选中"带阻 NPN 晶体管（BJT_NRES）"，其"元件"栏中有 71 种规格带阻 NPN 晶体管可供调用。

⑧ 选中"带阻 PNP 晶体管（BJT_PRES）"，其"元件"栏中有 29 种规格带阻 PNP 晶体管可供调用。

⑨ 选中"双极结型晶体管阵列（BJT_ARRAY）"，其"元件"栏中有 10 种规格晶体管阵列可供调用。

⑩ 选中"MOS 门控开关管（IGBT）"，其"元件"栏中有 98 种规格 MOS 门控制的功率开关可供调用。

⑪ 选中"N 沟道耗尽型 MOS 管（MOS_3TDN）"，其"元件"栏中有 9 种规格 MOSFET 管可供调用。

⑫ 选中"N 沟道增强型 MOS 管（MOS_3TEN）"，其"元件"栏中有 545 种规格 MOSFET 管可供调用。

⑬ 选中"P 沟道增强型 MOS 管（MOS_3TEP）"，其"元件"栏中有 157 种规格 MOSFET 管可供调用。

⑭ 选中"N 沟道耗尽型结型场效应管（JFET_N）"，其"元件"栏中有 263 种规格 JFET 管可供调用。

⑮ 选中"P 沟道耗尽型结型场效应管（JFET_P）"，其"元件"栏中有 26 种规格 JFET 管可供调用。

⑯ 选中"N 沟道 MOS 功率管（POWER_MOS_N）"，其"元件"栏中有 116 种规格 N 沟道 MOS 功率管可供调用。

⑰ 选中"P 沟道 MOS 功率管（POWER_MOS_P）"，其"元件"栏中有 38 种规格 P 沟道 MOS 功率管可供调用。

⑱ 选中"UHT 管（UHT）"，其"元件"栏中仅有 2 种规格 UHT 管可供调用。

⑲ 选中"温度模型 NMOSFET 管（THERMAL_MODELS）"，其"元件"栏中仅有一种规格 NMOSFET 管可供调用。

5. 单击"放置二极管"按钮

弹出对话框的"系列"栏如图 2-18 所示。

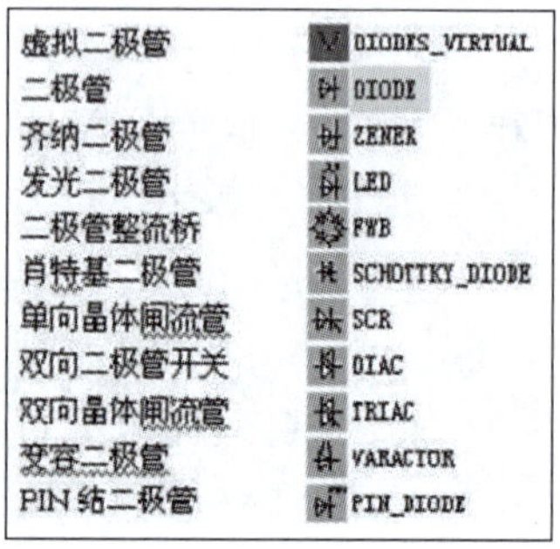

① 选中"虚拟二极管元件（DIODES_VIRTUAL）"，其"元件"栏中仅有 2 种规格虚拟二极管元件可供调用：一种是普通二极管；另一种是齐纳击穿虚拟二极管。

② 选中"二极管（DIODE）"，其"元件"栏中包括了国外许多公司提供的 807 种规格二极管可供调用。

③ 选中"齐纳二极管（即稳压管）（ZENER）"，其"元件"栏中包括了国外许多公司提供的 1 266 种规格稳压管可供调用。

图 2-18　放置二极管

④ 选中"发光二极管（LED）"，其"元件"栏中有 8 种颜色的发光二极管可供调用。

⑤ 选中"二极管整流桥（FWB）"，其"元件"栏中有 58 种规格全波桥式整流器可供调用。

⑥ 选中"肖特基二极管（SCHOTTKY_DIODE）"，其"元件"栏中有 39 种规格肖特基二极管可供调用。

⑦ 选中"单向晶体闸流管（SCR）"，其"元件"栏中有 276 种规格单向晶体闸流管可供调用。

⑧ 选中"双向二极管开关（DIAC）"，其"元件"栏中有 11 种规格双向二极管开关（相当于两只肖特基二极管并联）可供调用。

⑨ 选中"双向晶体闸流管（TRIAC）"，其"元件"栏中有 101 种规格双向晶体闸流管可供调用。

⑩ 选中"变容二极管（VARACTOR）"，其"元件"栏中有 99 种规格变容二极管可供调用。

⑪ 选中"PIN 结二极管（PIN_DIODES）"，其"元件"栏中有 19 种规格 PIN 结二极管可供调用。

6. 单击"放置晶体管-晶体管逻辑（TTL）"按钮

弹出对话框的"系列"栏如图 2-19 所示。

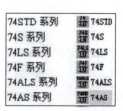

图 2-19　放置晶体管-晶体管逻辑

① 选中"74STD 系列",其"元件"栏中有 126 种规格数字集成电路可供调用。

② 选中"74S 系列",其"元件"栏中有 111 种规格数字集成电路可供调用。

③ 选中"74LS 系列",其"元件"栏中有 281 种规格数字集成电路可供调用。

④ 选中"74F 系列",其"元件"栏中有 185 种规格数字集成电路可供调用。

⑤ 选中"74ALS 系列",其"元件"栏中有 92 种规格数字集成电路可供调用。

⑥ 选中"74AS 系列",其"元件"栏中有 50 种规格数字集成电路可供调用。

7. 单击"放置互补金属氧化物半导体(CMOS)"按钮

弹出对话框的"系列"栏如图 2-20 所示。

① 选中"CMOS_5V 系列",其"元件"栏中有 265 种数字集成电路可供调用。

② 选中"74HC_2V 系列",其"元件"栏中有 176 种数字集成电路可供调用。

③ 选中"CMOS_10V 系列",其"元件"栏中有 265 种数字集成电路可供调用。

④ 选中"74HC_4V 系列",其"元件"栏中有 126 种数字集成电路可供调用。

⑤ 选中"CMOS_15V 系列",其"元件"栏中有 172 种数字集成电路可供调用。

⑥ 选中"74HC_6V 系列",其"元件"栏中有 176 种数字集成电路可供调用。

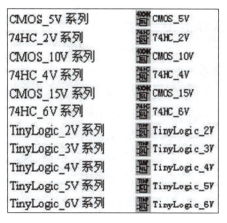

图 2-20　放置互补金属氧化物半导体

⑦ 选中"TinyLogic_2V 系列",其"元件"栏中有 18 种数字集成电路可供调用。

⑧ 选中"TinyLogic_3V 系列",其"元件"栏中有 18 种数字集成电路可供调用。

⑨ 选中"TinyLogic_4V 系列",其"元件"栏中有 18 种数字集成电路可供调用。

⑩ 选中"TinyLogic_5V 系列",其"元件"栏中有 24 种数字集成电路可供调用。

⑪ 选中"TinyLogic_6V 系列",其"元件"栏中有 7 种数字集成电路可供调用。

8. 单击"放置机电元件"按钮

弹出对话框的"系列"栏如图 2-21 所示。

① 选中"检测开关(SENSING_SWITCHES)",其"元件"栏中有 17 种开关可供调用,并可用键盘上的相关键来控制开关的开或合。

② 选中"瞬时开关(MOMENTARY_SWITCHES)",其"元件"栏中有 6 种开关可供调用,动作后会很快恢复原来状态。

③ 选中"接触器(SUPPLEMENTARY_CONTACTS)",其"元件"栏中有 21 种接触器可供调用。

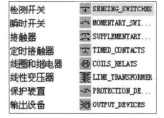

图 2-21　放置机电元件

④ 选中"定时接触器(TIMED_CONTACTS)",其"元件"栏中有 4 种定时接触器可供调用。

⑤ 选中"线圈和继电器(COILS_RELAYS)",其"元件"栏中有 55 种线圈与继电器可供调用。

⑥ 选中"线性变压器（LINE_TRANSFORMER）"，其"元件"栏中有 11 种线性变压器可供调用。

⑦ 选中"保护装置（PROTECTION_DEVICES）"，其"元件"栏中有 4 种保护装置可供调用。

⑧ 选中"输出设备（OUTPUT_DEVICES）"，其"元件"栏中有 6 种输出设备可供调用。

9. 单击"放置指示器"按钮

弹出对话框的"系列"栏如图 2-22 所示。

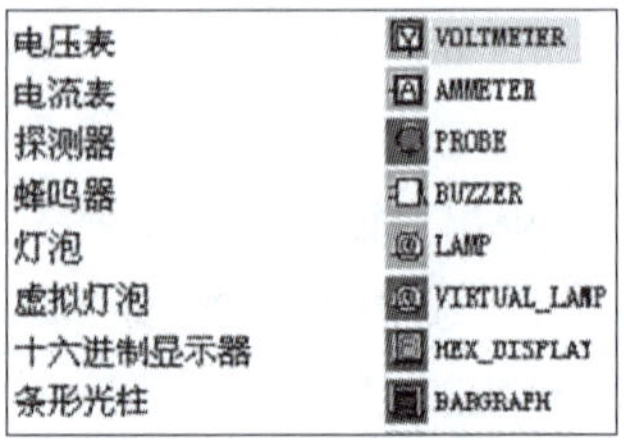

① 选中"电压表（VOLTMETER）"，其"元件"栏中有 4 种不同形式的电压表可供调用。

② 选中"电流表（AMMETER）"，其"元件"栏中有 4 种不同形式的电流表可供调用。

③ 选中"探测器（PROBE）"，其"元件"栏中有 5 种颜色的探测器可供调用。

图 2-22　放置指示器

④ 选中"蜂鸣器（BUZZER）"，其"元件"栏中仅有 2 种蜂鸣器可供调用。

⑤ 选中"灯泡（LAMP）"，其"元件"栏中有 9 种不同功率的灯泡可供调用。

⑥ 选中"虚拟灯泡（VIRTUAL_LAMP）"，其"元件"栏中只有 1 种虚拟灯泡可供调用。

⑦ 选中"十六进制显示器（HEX_DISPLAY）"，其"元件"栏中有 33 种十六进制显示器可供调用。

⑧ 选中"条形光柱（BARGRAPH）"，其"元件"栏中仅有 3 种条形光柱可供调用。

10. 单击"放置杂项元件"按钮

弹出对话框的"系列"栏如图 2-23 所示。

① 选中"其他虚拟元件（MISC_VIRTUAL）"，其"元件"栏内容如图 2-24 所示。

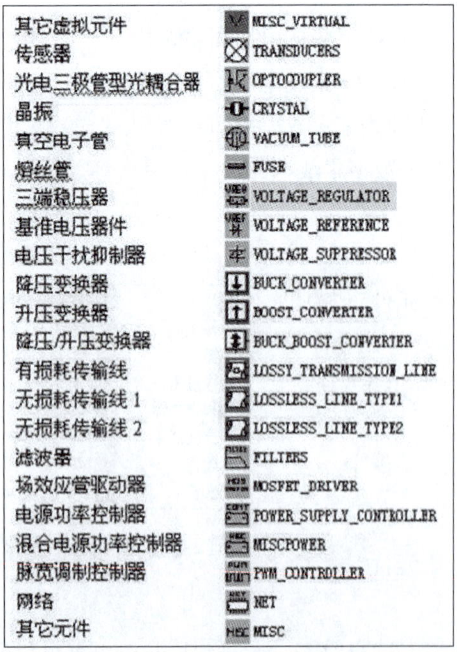

图 2-23　放置杂项元件

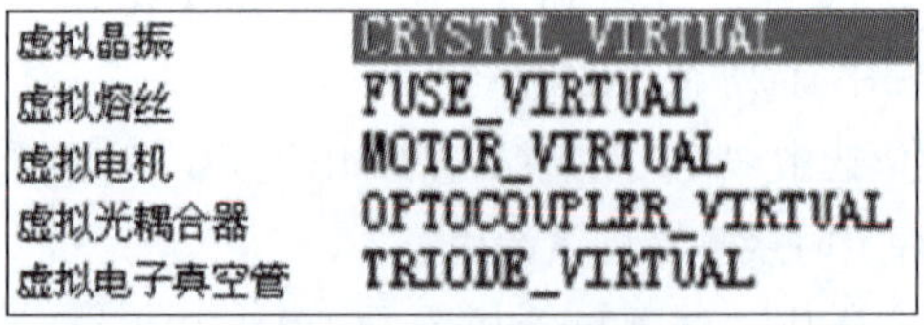

图 2-24　其他虚拟元件

② 选中"光电三极管型光耦合器（OPTOCOUPLER）"，其"元件"栏中有 82 种传感器可供调用。

③ 选中"晶振（CRYSTAL）"，其"元件"栏中有 18 种不同频率的晶振可供调用。

④ 选中"真空电子管（VACUUM_TUBE）"，其"元件"栏中有 22 种电子管可供调用。

⑤ 选中"熔丝管（FUSE）"，其"元件"栏中有 13 种不同电流的熔丝可供调用。

⑥ 选中"三端稳压器（VOLTAGE_REGULATOR）"，其"元件"栏中有 158 种不同稳压值的三端稳压器可供调用。

⑦ 选中"基准电压器件（VOLTAGE REFERENCE）"，其"元件"栏中有 106 种基准电压器件可供调用。

⑧ 选中"电压干扰抑制器（VOLTAGE_SUPPRESSOR）"，其"元件"栏中有 118 种电压干扰抑制器可供调用。

⑨ 选中"降压变换器（BUCK_CONVERTER）"，其"元件"栏中只有 1 种降压变换器可供调用。

⑩ 选中"升压变换器（BOOST_CONVERTER）"，其"元件"栏中也只有 1 种升压变换器可供调用。

⑪ 选中"降压/升压变换器（BUCK_BOOST_CONVERTER）"，其"元件"栏中有 2 种降压/升压变换器可供调用。

⑫ 选中"有损耗传输线（LOSSY_TRANSMISSION_LINE）"、"无损耗传输线 1（LOSSLESS_LINE_TYPE1）"和"无损耗传输线 2（LOSSLESS_LINE_TYPE2）"，元件栏中都只有 1 个品种可供调用。

⑬ 选中"滤波器（FILTERS）"，其"元件"栏中有 34 种滤波器可供调用。

⑭ 选中"场效应管驱动器（MOSFET_DRIVER）"，其"元件"栏中有 29 种场效应管驱动器可供调用。

⑮ 选中"电源功率控制器（POWER_SUPPLY_CONTROLLER）"，其"元件"栏中有 3 种电源功率控制器可供调用。

⑯ 选中"混合电源功率控制器（MISCPOWER）"，其"元件"栏中有 32 种混合电源功率控制器可供调用。

⑰ 选中"网络（NET）"，其"元件"栏中有 11 个品种可供调用。

⑱ 选中"其他元件（MISC）"，其"元件"栏中有 14 个品种可供调用。

11. 单击"放置杂项数字电路"按钮

弹出对话框的"系列"栏如图 2-25 所示。

① 选中"TIL 系列器件（TIL）"，其"元件"栏中有 103 个品种可供调用。

② 选中"数字信号处理器件（DSP）"，其"元件"

图 2-25　放置杂项数字电路

栏中有 117 个品种可供调用。

③ 选中"现场可编程器件（FPGA）"，其"元件"栏中有 83 个品种可供调用。

④ 选中"可编程逻辑电路（PLD）"，其"元件"栏中有 30 个品种可供调用。

⑤ 选中"复杂可编程逻辑电路（CPLD）"，其"元件"栏中有 20 个品种可供调用。

⑥ 选中"微处理控制器（MICROCONTROLLERS）"，其"元件"栏中有 70 个品种可供调用。

⑦ 选中"微处理器（MICROPROCESSORS）"，其"元件"栏中有 60 个品种可供调用。

⑧ 选中"用 VHDL 语言编程器件（VHDL）"，其"元件"栏中有 119 个品种可供调用。

⑨ 选中"用 Verilog HDL 语言编程器件（VERILOG_HDL）"，其"元件"栏中有 10 个品种可供调用。

⑩ 选中"存储器（MEMORY）"，其"元件"栏中有 87 个品种可供调用。

⑪ 选中"线路驱动器件（LINE_DRIVER）"，其"元件"栏中有 16 个品种可供调用。

⑫ 选中"线路接收器件（LINE_RECEIVER）"，其"元件"栏中有 20 个品种可供调用。

⑬ 选中"无线电收发器件（LINE_TRANSCEIVER）"，其"元件"栏中有 150 个品种可供调用。

12. 单击"放置混合杂项元件"按钮

弹出对话框的"系列"栏如图 2-26 所示。

① 选中"混合虚拟器件（MIXED_VIRTUAL）"，其"元件"栏如图 2-27 所示。

② 选中"555 定时器（TIMER）"，其"元件"栏中有 8 种 LM555 电路可供调用。

③ 选中"AD/DA 转换器（ADC_DAC）"，其"元件"栏中有 39 种转换器可供调用。

④ 选中"模拟开关（ANALOG_SWITCH）"，其"元件"栏中有 127 种模拟开关可供调用。

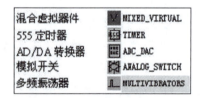

图 2-26　放置混合杂项元件

图 2-27　混合虚拟器件

⑤ 选中"多频振荡器（MULTIVIBRATORS）"，其"元件"栏中有 8 种振荡器可供调用。

13. 单击"放置射频元件"按钮

弹出对话框的"系列"栏如图 2-28 所示。

① 选中"射频电容器（RF_CAPACITOR）"和"射频电感器（RF_INDUCTOR）"，其"元件"栏中都只有 1 个品种可供调用。

② 选中"射频双极结型 NPN 管（RF_BJT_NPN）"，其"元件"栏中有 84 种 NPN 管可供调用。

③ 选中"射频双极结型 PNP 管（RF_BJT_PNP）"，其"元件"栏中有 7 种 PNP 管可供调用。

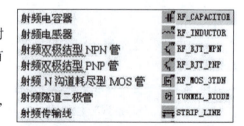

图 2-28　放置射频元件

④ 选中"射频 N 沟道耗尽型 MOS 管（RF_MOS_3TDN）"，其"元件"栏中有 30 种射频 MOSFET

管可供调用。

⑤ 选中"射频隧道二极管（TUNNEL_DIODE）"，其"元件"栏中有10种射频隧道二极管可供调用。

⑥ 选中"射频传输线（STRIP_LINE）"，其"元件"栏中有6种射频传输线可供调用。

至此，电子仿真软件的元件库及元器件全部介绍完毕，为创建仿真电路、查找元件奠定了基础。需要补充说明如下：

① 关于虚拟元件，这里指的是现实中不存在的元件，也可以理解为它们的元件参数可以任意修改和设置的元件。比如要一个1.034Q电阻、2.3电容等不规范的特殊元件，就可以选择虚拟元件通过设置参数达到；但仿真电路中的虚拟元件不能链接到制版软件 Ultiboard 8.0 的 PCB 文件中进行制版，这一点不同于其他元件。

② 与虚拟元件相对应，把现实中可以找到的元件称为真实元件或现实元件。比如电阻的"元件"栏中就列出了从 1.0Q 到 22MQ 的全系列现实中可以找到的电阻。现实电阻只能调用，但不能修改它们的参数。凡仿真电路中的真实元件都可以自动链接到 Ultiboard 中进行制版。

③ 电源虽列在现实元件栏中，但它属于虚拟元件，可以任意修改和设置它的参数；电源和地线也都不会进入 Ultiboard 的 PCB 界面进行制版。

④ 关于额定元件，是指它们允许通过的电流、电压、功率等的最大值都是有限制的，超过它们的额定值，该元件将击穿和烧毁。其他元件都是理想元件，没有定额限制。

⑤ 关于三维元件，电子仿真软件 Multisim 中有 23 个品种，且其参数不能修改，只能搭建一些简单的演示电路，但它们可以与其他元件混合组建仿真电路。

三、Multisim 界面菜单工具栏介绍

软件以图形界面为主，采用菜单、工具栏和热键相结合的方式，具有一般 Windows 应用软件的界面风格，用户可以根据自己的习惯和熟悉程度自如使用。

菜单栏位于界面的上方，通过菜单可以对 Multisim 的所有功能进行操作。

不难看出菜单中有一些与大多数 Windows 平台上的应用软件一致的功能选项，如 File、Edit、View、Options、Help 等。此外，还有一些 EDA 软件专用的选项，如 Place、Simulation、Transfer、Tool 等。

1. File

File 菜单中包含了对文件和项目的基本操作以及打印等命令。File 菜单栏内容如图 2-29 所示。

2. Edit

Edit 命令提供了类似于图形编辑软件的基本编辑功能，用于对电路图进行编辑。Edit 菜单栏内容如图 2-30 所示。

3. View

通过 View 菜单可以决定使用软件时的视图，对一些工具栏和窗口进行控制。View 菜单栏内容如图 2-31 所示。

4. Place

通过 Place 命令输入电路图。Place 菜单栏内容如图 2-32 所示。

5. Simulate

通过 Simulate 菜单执行仿真分析命令。Simulate 菜单栏内容如图 2-33 所示。

6. Transfer

Transfer 菜单提供的命令可以完成 Multisim 对其他 EDA 软件需要的文件格式的输出。

7. Tools

Tools 菜单主要针对元器件的编辑与管理的命令。Tools 菜单栏内容如图 2-34 所示。

命令	功能
New	建立新文件
Open	打开文件
Close	关闭当前文件
Save	保存
Save As	另存为
New Project	建立新项目
Open Project	打开项目
Save Project	保存当前项目
Close Project	关闭项目
Version Control	版本管理
Print Circuit	打印电路
Print Report	打印报表
Print Instrument	打印仪表
Recent Files	最近编辑过的文件
Recent Project	最近编辑过的项目
Exit	退出 Multisim

图 2-29 File 菜单

命令	功能
Undo	撤销编辑
Cut	剪切
Copy	复制
Paste	粘贴
Delete	删除
Select All	全选
Flip Horizontal	将所选的元件左右翻转
Flip Vertical	将所选的元件上下翻转
90 ClockWise	将所选的元件顺时针90度旋转
90 ClockWiseCW	将所选的元件逆时针90度旋转
Component Properties	元器件属性

图 2-30 Edit 菜单

命令	功能
Toolbars	显示工具栏
Component Bars	显示元器件栏
Status Bars	显示状态栏
Show Simulation Error Log/Audit Trail	显示仿真错误记录信息窗口
Show XSpice Command Line Interface	显示 XSpice 命令窗口
Show Grapher	显示波形窗口
Show Simulate Switch	显示仿真开关
Show Grid	显示栅格
Show Page Bounds	显示页边界
Show Title Block and Border	显示标题栏和图框
Zoom In	放大显示
Zoom Out	缩小显示
Find	查找

图 2-31 View 菜单

命令	功能
Place Component	放置元器件
Place Junction	放置连接点
Place Bus	放置总线
Place Input/Output	放置输入/出接口
Place Hierarchical Block	放置层次模块
Place Text	放置文字
Place Text Description Box	打开电路图描述窗口，编辑电路图描述文字
Replace Component	重新选择元器件替代当前选中的元器件
Place as Subcircuit	放置子电路
Replace by Subcircuit	重新选择子电路替代当前选中的子电路

图 2-32 Place 菜单

命令	功能
Run	执行仿真
Pause	暂停仿真
Default Instrument Settings	设置仪表的预置值
Digital Simulation Settings	设定数字仿真参数
Instruments	选用仪表（也可通过工具栏选择）
Analyses	选用各项分析功能
Postprocess	启用后处理
VHDL Simulation	进行VHDL仿真

图 2-33　Simulate 菜单

命令	功能
Transfer to Ultiboard	将所设计的电路图转换为Ultiboard（Multisim中的电路板设计软件）的文件格式
Transfer to other PCB Layout	将所设计的电路图以其他电路板设计软件所支持的文件格式
Backannotate From Ultiboard	将在Ultiboard中所做的修改标记到正在编辑的电路中
Export Simulation Results to MathCAD	将仿真结果输出到MathCAD中
Export Simulation Results to Excel	将仿真结果输出到Excel
Export Netlist	输出电路网表文件

图 2-34　Tools 菜单

8. Options

通过 Options 菜单可以对软件的运行环境进行定制和设置。Options 菜单栏内容如图 2-35 所示。

9. Help

Help 菜单提供了对 Multisim 的在线帮助和辅助说明。Help 菜单栏内容如图 2-36 所示。

命令	功能
Preference	设置操作环境
Modify Title Block	编辑标题栏
Simplified Version	设置简化版本
Global Restrictions	设定软件整体环境参数
Circuit Restrictions	设定编辑电路的环境参数

图 2-35　Options 菜单

命令	功能
Multisim Help	Multisim的在线帮助
Multisim Reference	Multisim的参考文献
Release Note	Multisim的发行申明
About Multisim	Multisim的版本说明

图 2-36　Help 菜单

Multisim 10 提供了多种工具栏，并以层次化的模式加以管理。用户可以通过 View 菜单中的选项方便地将顶层的工具栏打开或关闭，再通过顶层工具栏中的按钮来管理和控制下层的工具栏。通过工具栏，用户可以方便直接地使用软件的各项功能。

顶层的工具栏有：Standard 工具栏、Design 工具栏、Zoom 工具栏，Simulation 工具栏。

① Standard 工具栏包含了常见的文件操作和编辑操作。

② Design 工具栏作为设计工具栏是 Multisim 的核心工具栏，通过对该工作栏按钮的操作可以完成对电路从设计到分析的全部工作，其中的按钮可以直接打开下层的工具栏：Component 中的 Multisim Master 工具栏、Instrument 工具栏。

a. 作为元器件（Component）工具栏中的一项，可以在 Design 工具栏中通过按钮来开关 Multisim Master 工具栏。该工具栏有 14 个按钮，每一个按钮都对应一类元器件，其分类方式和 Multisim 元器件数据库中的分类相对应，通过按钮上的图标就可大致清楚该类元器件的类型。具体的内容可以从 Multisim 的在线文档中获取。

这个工具栏作为元器件的顶层工具栏,每一个按钮又可以开关下层的工具栏,下层工具栏是对该类元器件更细致的分类工具栏。以第一个按钮为例,通过这个按钮可以开关电源和信号源类的 Sources 工具栏。

b. Instruments 工具栏集中了 Multisim 为用户提供的所有虚拟仪器仪表,用户可以通过按钮选择自己需要的仪器对电路进行观测。

③ 用户可以通过 Zoom 工具栏方便地调整所编辑电路的视图大小。

Simulation 工具栏可以控制电路仿真的开始、结束和暂停。对电路进行仿真运行,通过对运行结果的分析,判断设计是否正确合理是 EDA 软件的一项主要功能。为此,Multisim 为用户提供了类型丰富的虚拟仪器,可以从 Design 工具栏,或用菜单命令选用这 11 种仪表,如图 2-37 所示。在选用后,各种虚拟仪表都以面板的方式显示在电路中。

Multimeter	万用表
Function Generator	波形发生器
Wattmeter	瓦特表
Oscilloscape	示波器
Bode Plotter	波特图图示仪
Word Generator	字元发生器
Logic Analyzer	逻辑分析仪
Logic Converter	逻辑转换仪
Distortion Analyzer	失真度分析仪
Spectrum Analyzer	频谱仪
Network Analyzer	网络分析仪

图 2-37 虚拟仪器

任务实施

本任务建议分组完成,每组 4~5 人(包括组长 1 人),组内成员分别独自完成知识链接相关知识的学习。组长根据成员的学习情况进行分工,各成员根据分工通过分头查阅资料,进行小组讨论等方式,完成相应的工作。

一、学习相关知识,分解任务,进行小组分工

任务分工表见表 2-2,根据实际情况填写。

表 2-2 任务分工表

任务名称				
小组名称			组长	
小组成员	姓名		学号	
	姓名		学号	
	姓名		学号	
	姓名		学号	
	姓名		学号	
小组分工	姓名	完成任务		

二、元器件选型（30 分）

根据公司提供的电路原理图如图 2-38 所示。选择合适的元器件，首先进行元器件的识别和检测，并将识别和检测的具体参数填入表 2-3 中。

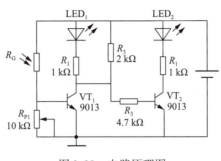

图 2-38 电路原理图

表 2-3 元器件清单

序号	元器件类别	元器件大小	个数	符号
1				
2				
3				
4				
5				
6				
7				
8				
9				
10				
11				

三、电路仿真（30 分）

依照上述电路图，参照 Multisim 软件操作方法，利用 Multisim 软件进行电路仿真，并测试相关功能。将仿真具体现象记录下来。

_____
_____
_____
_____

四、面包板电路搭建（40 分）

依照上述电路图，在仿真功能满足项目要求之后，在面包板上进行电路的搭建和具体电路功能的展示，电源选用 2 节 5 号电池即可。

任务测评

教师引导学生对任务进行分析和讨论，针对任务反映的问题，根据各组提出解决方法，做简短的点评或补充性、提高性的总结，并指导各组进行组内互评，最后完成总体评价，将评价结果填入表 2-4、表 2-5 中。

表 2-4 组内互评表

任务名称					
小组名称					
评价标准		如任务实施所示，共 100 分			
序号	分值	组内互评（下行填写评价人姓名、学号）			平均分
1	30				
2	30				
3	40				
总分					

表 2-5 任务评价总表

任务名称					
小组名称					
评价标准		如任务实施所示，共 100 分			
序号	分值	自我评价（50%）			教师评价 思政评价（50%）	单项总分
		自评	组内互评	平均分		
1	30					
2	30					
3	40					
总分						

任务 2　焊接测光指示器电路

任务解析

完成了测光指示器的电路仿真，需要根据项目的需求，进行电路的焊接，制作真正的测光指示器产品。下面需要利用焊接工具和相关的元器件，在通用电路板上进行测光指示器的焊接制作。

知识链接

一、常用工具识别与使用

电子整机装配过程中的常用工具，主要是指用来进行电子产品安装和加工的工具。一般分为紧固工具、剪切工具、钳口工具和焊接工具等。紧固工具用于紧固和拆卸螺钉和螺母，包括螺钉旋具、螺母旋具、扳手、手锤等。剪切工具主要用于剪裁各类导线，包括斜口钳、钢丝钳、剪刀等。钳口工具包括尖嘴钳、镊子、剥线钳等。焊接工具是指电气焊接用的工具，主要有电烙铁、电热风枪和烙铁架等。

1. 常用安装工具

（1）螺钉旋具

螺钉旋具又称螺丝刀，俗称改锥或起子，用于紧固或拆卸螺钉。常用的螺钉旋具有一字槽、十字槽两大类，又分为手动、自动、机动等形式。

① 手动螺钉旋具。常用的手动螺钉旋具包括一字槽螺钉旋具和十字槽螺钉旋具，用于装拆（旋转）一字槽形和十字槽形的机螺钉、木螺钉和自攻螺钉等。

② 自动螺钉旋具。自动螺钉旋具适用于紧固头部带槽的各种螺钉。这种旋具有同旋、顺旋和倒旋三种动作。

③ 机动螺钉旋具。常用的机动螺钉旋具分为电动和风动两大类，分别称为电批和风批，适合在大批量流水线上使用。

（2）螺母旋具

螺母旋具又称螺帽起子、管拧子，它适用于装拆六角螺母或螺钉，比使用扳手效率高、省力，不易损坏螺母或螺钉。常用的螺母旋具有 M2.5、M3、M4、M5、M6 等几种规格，及用来坚固电位器、开关等大型螺母的多种型号。

（3）扳手

扳手有固定扳手、套筒扳手、活扳手三类，是紧固或拆卸螺栓、螺母的常用工具。

（4）手锤

手锤俗称榔头。凿削和装拆机械零件等操作都必须使用手锤敲击，但不允许用钳子等其他工具代替手锤敲击。使用手锤时，用力要适当，要特别注意安全。

2. 常用剪切工具

（1）斜口钳

斜口钳又称偏口钳。斜口钳主要用于剪切导线，尤其适用于剪掉焊接点上网绕导线后多余的线头及印制电路板安放插件后过长的引线，还常用来代替一般剪刀剪切绝缘套管、尼龙扎线卡等。

（2）钢丝钳

钢丝钳又称平口钳。钢丝钳主要用于夹持和拧断金属薄板及金属丝等，有铁柄和绝缘柄两种。带绝缘柄的钢丝钳可在带电的场合使用，工作电压一般为 500 V，有的耐压可达 5 000 V。在剪切时，先根据钢丝粗细合理选用不同规格的钢丝钳，然后将钢丝放在剪口根部，不要放斜或靠近腮边，以防崩口、卷刃。带电操作时，手与钢丝钳的金属部分保持 2 cm 以上的距离。

（3）剪刀

剪刀有普通剪刀和剪切金属线材专用剪刀两种。金属线材专用剪刀头部短而宽，刃口角度较大，能承受较大的剪切力。

3. 钳口工具

（1）尖嘴钳

尖嘴钳又称尖头钳。通常使用的尖嘴钳有两种：普通尖嘴钳和长尖嘴钳。

（2）圆嘴钳

圆嘴钳由于钳口呈圆锥形，可以方便地将导线端头、元器件的引线弯绕成圆环形，安装在螺钉及其他部位上。

（3）镊子

镊子有尖头镊子和圆头镊子两种，其主要作用是用来夹持物体。端部较宽的医用镊子可夹持较大的物体，而头部尖细的普通镊子适合夹细小物体。在焊接时，用镊子夹持导线或元器件，以防止移动。对镊子的要求是弹性强，合拢时尖端要对正、吻合。

（4）剥线钳

剥线钳是用于剥掉直径 3 cm 及以下的塑胶线等线材的端头表面绝缘层的专用工具。

（5）压接钳

压接钳是无锡焊接中进行压接操作的专用工具。压接钳的钳口根据不同的压接要求制成各种形状。

扫一扫
手工焊接工具

4. 常用焊接工具识别与使用

在电子产品组装和维修过程中常用的手工焊接工具是电烙铁。电烙铁作为传统的电路焊接工具，与先进的焊接设备相比，存在只适合手工焊接，效率低，焊接质量不便用科学方法控制，往往随着操作人员的技术水平、体力消耗程度及工作责任心的不同有较大差别等缺点。而且烙铁头容易带电，直接威胁被焊元件和操作人员的安全，因此，使用前须严格检查。但由于电烙铁操作灵活，用途广泛，费用低廉，所以，电烙铁仍是电子电路焊接的必备工具。电烙铁具有许多品种和规格，按其发热方式来分，目前基本上有电阻式和电感式两大类，并由此派生出许多不同的品种。常见的电烙铁有以下几种。

（1）外热式电烙铁

外热式电烙铁的规格很多，常用的有 25 W、45 W、75 W、100 W 等。电烙铁功率越大，烙铁头的温度越高。外热式电烙铁由烙铁头、烙铁芯、外壳、木柄、电源引线和电源插头等组成。由于发热的烙铁芯在烙铁头的外面，所以称为外热式电烙铁。

烙铁头的好坏是决定焊接质量和工作效率的重要因素。一般的烙铁头是用纯铜制作的，它的作用是储存和传导热量，它的温度必须比被焊接的材料熔点高。纯铜的润湿性和导热性非常好，但它的一个最大的弱点是容易被焊锡腐蚀和氧化，使用寿命短。为了改善烙铁头的性能，可以对铜烙铁头实行电镀处理。常见的有镀镍、镀铁。电烙铁的温度与烙铁头的体积、形状、长短等都有一定的关系。

（2）内热式电烙铁

内热式电烙铁的常用规格有 20 W、30 W、50 W 等几种。内热式电烙铁的烙铁芯是用比较细的镍铬电阻丝绕在瓷管上制成的，其电阻值约为 2.4 kΩ（20 W），电烙铁的温度一般可达 350 ℃ 左右。由于它的热效率高，内热式 20 W 电烙铁就相当于外热式 40 W 电烙铁。由于内热式电烙铁有升温快、质量小、耗电省、体积小、热效率高的特点，因而得到了普遍的应用。

（3）恒温电烙铁

由于在焊接集成电路、晶体管元器件时，温度不能太高，焊接时间不能过长，否则就会因温度过高造成元器件的损坏，因而对电烙铁的温度要加以限制。而恒温电烙铁就可以达到这一要求，这是由于恒温电烙铁头内，装有带磁铁式的温度控制器，控制通电时间而实现温控。即给电烙铁通电时，电烙铁的温度上升，当达到预定的温度时，因强磁体传感器达到了居里点而磁性消失，从而使磁芯触点断开，这时便停止向电烙铁供电；当温度低于强磁体传感器的居里点时，强磁体便恢复磁性，并吸动磁芯开关中的永久磁铁，使控制开关的触点接通，继续向电烙铁供电。如此循环往复，便达到了控制温度的目的。

（4）吸锡电烙铁

吸锡电烙铁是将活塞式吸锡器与电烙铁合为一体的拆焊工具。它具有使用方便、灵活、适用范围宽等特点。这种吸锡电烙铁的不足之处是每次只能对一个焊点进行拆焊。吸锡电烙铁的使用方法是：接通电源预热（3~5 min），然后将活塞柄推下并卡住，把吸锡电烙铁的吸头前端对准欲拆焊的焊点，待焊锡熔化后，按下吸锡电烙铁手柄上的按钮，活塞便自动上升，将焊锡吸进气筒内。另外，吸锡器配有两个以上直径不同的吸头，可根据元器件引线的粗细进行选择。

（5）感应式电烙铁

感应式电烙铁又称速热电烙铁，俗称焊枪。它内部有一个变压器，这个变压器的二次侧实际只有一匝。所以，当其通电时，变压器的二次侧感应出大电流通过加热体，使同它相连的烙铁头迅速达到焊接所需要的温度。由于这种电烙铁加热速度快，一般通电几秒，即可达到焊接温度。因此，不需要像直热式电烙铁那样持续加热。它的手柄上带有开关，特别适合于断续工作的使用。

基于感应式电烙铁的内部特点，对于一些电荷敏感器件，如绝缘栅 MOS 电路，常会因感应电荷的作用而损坏器件。因此，在焊接这类电路时，不能使用感应式电烙铁。

（6）电烙铁的选用

电烙铁的种类及规格有很多种，在使用时，可根据不同的被焊工件合理地选用电烙铁的功率、种类和烙铁头的形状。一般的焊接应首选内热式电烙铁。对于焊接大型元器件或直径较粗的导线，应选择功率较大的外热式电烙铁。如果被焊件较大，使用的电烙铁功率较小，则焊接温度过低，焊料熔化较慢，焊剂不能挥发，焊点不光滑、不牢固，这样势必造成焊接强度以及质量的不合格，甚至焊料不能熔化，使焊接无法进行。如果电烙铁的功率太大，则使过多的热量传递到被焊工件上面，使元器件的焊点过热，造成元器件的损坏，致使印制电路板的铜箔脱落，焊料在焊接面上流动过快，并且无法控制。当焊接集成电路、晶体管、受热易损元器件或小型元器件时，应选用 20 W 内热式电烙铁或恒温电烙铁。当焊接导线及同轴电缆时，应选用 45~75 W 外热式电烙铁或 50 W 内热式电烙铁。

对一些较大的元器件，如变压器的引线脚、大电解电容器的引线脚、金属底盘接地焊片或照明电路的连接等,应选用 100 W 以上的电烙铁。

(7) 电烙铁的正确使用

① 电烙铁的握法。电烙铁的握法可分为三种,如图 2-39 所示。

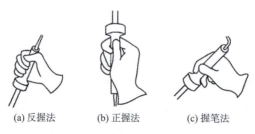

(a) 反握法　　(b) 正握法　　(c) 握笔法

图 2-39　电烙铁的握法

图 2-39(a) 所示为反握法,此种方法焊接动作平稳,长时间操作不易疲劳,适用于大功率电烙铁的操作、焊接散热量较大的被焊件或组装流水线操作。

图 2-39(b) 所示为正握法,此种方法使用的电烙铁功率也比较大或带弯形烙铁头的操作。

图 2-39(c) 所示为握笔法,类似于写字握笔的姿势,此种方法适合于小功率的电烙铁,焊接散热量小的被焊件,如焊接收音机、电视机的印制电路板及其维修等,但长时间操作易疲劳。

② 烙铁头的处理。烙铁头是用纯铜制作的,在焊锡的润湿性和导热性方面没有能超过它的。但其最大的弱点是容易被焊锡腐蚀和氧化。新使用的电烙铁,在使用前应先用砂纸打磨几下烙铁头,将其氧化层除去,然后给电烙铁通电加热并蘸松香助焊剂,趁烙铁热时将烙铁头的斜面上挂上一层焊锡,这样能防止烙铁头因长时间加热而被氧化。烙铁用了一定时间,或是烙铁头被焊锡腐蚀,头部斜面不平,此时不利于热量传递;或是烙铁头氧化使烙铁头被"烧死",不再吃锡,此种情况,烙铁头虽然很热,但就是焊不上元件。上述两种情况,均需要处理。处理方法:用锉刀将烙铁头锉平,然后按照新使用的烙铁头处理方法处理。

③ 烙铁头温度的判别和调整。通常情况下,可根据助焊剂的发烟状态直观目测判断烙铁头的温度。在烙铁头上熔化一点松香助焊剂,根据助焊剂的发烟量判断其温度是否合适。温度低时,发烟量小,持续时间长;温度高时,发烟量大,消散快;在中等发烟状态,6~8 s 消散时,温度约为 300 ℃,这时是焊接的合适温度。

烙铁头温度的调整:选择电烙铁功率大小后,已基本满足焊接温度的需要,但是仍不能完全适应印制电路板中所装元器件的需求,比如焊接集成电路和晶体管时烙铁头的温度不能太高,且时间不能过长,此时便可对烙铁头插在导热管上的长度进行适当调整,进而控制烙铁头的湿度。

④ 电烙铁的使用注意事项:

a. 在使用前或更换烙铁芯后,必须检查电源线与地线的接头是否正确。注意接地线时要正确地接在电烙铁的壳体上,如果接错就会造成电烙铁外壳带电,人体触及电烙铁外壳就会触电,用于焊接则会损坏电路上的元器件。

b. 在使用电烙铁的过程中,电烙铁电源线不要被烫破,否则可能会使人体触电。应随时检查电烙铁的插头、电源线,发现破损或老化时应及时更换。

c. 在使用电烙铁的过程中，一定要轻拿轻放，应拿电烙铁的手柄部位并且要拿稳。不焊接时，要将电烙铁放到烙铁架上，以免灼热的电烙铁烫伤自己或他人；长时间不使用时应切断电源，防止烙铁头氧化；不能用电烙铁敲击被焊工件；烙铁头上多余的焊锡，不要随便抛甩，以防落下的焊锡溅到人身上造成烫伤；若溅到正在维修或调试的设备内，焊锡会使设备内部造成短路，造成不应有的损失，可用潮湿的抹布或其他工具将其去除。

d. 电烙铁在焊接时，最好选用松香或弱酸性助焊剂，以保护烙铁头不被腐蚀。

e. 经常用湿布、浸水的海绵擦拭烙铁头，以保持烙铁头良好地挂锡，并可防止残留助焊剂对烙铁头的腐蚀。

f. 焊接完毕时，烙铁头上的残留焊锡应该继续保留，以防止再次加热时出现氧化层。

g. 人体头部与烙铁头之间一般要保持 30 cm 以上的距离，以避免过多的有害气体吸入体内。因为焊剂加热时挥发出的化学物质对人体是有害的。

二、焊接材料

1. 焊料的特点

电子电路的焊接是利用熔点比被焊件低的焊料与被焊件一同加热，使焊料熔化（被焊件不熔化），借助于接头处的表面的润湿作用，使熔融的焊料流布并充满连接处的缝隙凝固而焊合。

电子电路焊接主要使用的是锡铅合金焊料，又称焊锡，其优点如下：

① 熔点低。各种不同成分的锡铅合金熔点均低于锡和铅各自的熔点，铅的熔点为 327 ℃，锡的熔点为 232 ℃。而锡铅合金在 180 ℃ 时便可熔化，使用 25 W 外热式电烙铁或 20 W 内热式电烙铁便可进行焊接。

② 机械强度高。锡铅合金的各种机械强度均比纯锡、纯铅的强度要高。

③ 表面张力小，黏性下降，增大了液态流动性，有利于焊接时形成可靠焊点。

④ 导电性好。锡、铅焊料均属于良导体，它们的电阻很小。

⑤ 抗氧化性好。铅具有的抗氧化性优点在锡铅合金中继续保持，使焊料在熔化时减少氧化量。

因锡铅焊料具有以上的优点，所以在焊接技术中得到了极其广泛的应用。由于锡铅焊料是由两种以上金属按照不同的比例组成的，因此，锡铅合金的性能要随着锡铅的配比变化而变化。在市场上出售的焊锡，由于生产厂家的不同，其配制比例有很大的差别。为能使其焊锡配比满足焊接的需要，选择配比最佳锡铅的焊料是很重要的。

2. 常用的焊料

焊料的形状有圆片、带状、球状、焊锡丝等几种。

(1) 管状焊锡丝

常用的焊料是焊锡丝，在其内部夹有固体焊剂松香。焊锡丝的直径种类很多，常用的有 4 mm、3 mm、2 mm、1.5 mm、1 mm、0.8 mm、0.5 mm 等。这类焊料适用于手工焊接。

(2) 焊膏

焊膏由焊料合金粉末和助焊剂组成，并制成糊状物。焊膏能方便地用丝网、模板或点膏机印涂在印制电路板上，是表面安装技术中的一种重要的贴装材料，适合用于再流焊元器件和贴片元器件的焊接。

3. 焊剂

焊剂又称助焊剂，一般由活化剂、树脂、扩散剂、溶剂四部分组成。主要用于清除焊件表面的氧化膜，保证焊锡浸润的一种化学剂。

(1) 助焊剂的作用

① 除去氧化膜。在进行焊接时，为能使被焊物与焊料焊接牢靠，就必须要求金属表面无氧化物和杂质，在焊接开始之前，必须采取各种有效措施将氧化物和杂质除去。除去氧化物与杂质的方法通常有两种，即机械方法和化学方法。机械方法是用砂纸、镊子或刀子将其除掉；化学方法则是用助焊剂清除，助焊剂中含有氯化物和酸类物质，它能同氧化物发生还原反应，从而除去工件表面的氧化膜。用助焊剂清除的方法具有不损坏被焊物及效率高等特点，因此，焊接时一般都采用这种方法。

② 防止氧化。助焊剂除上面所述的除去氧化物功能外，还具有加热时防止氧化的作用。由于焊接时必须把被焊金属加热到使焊料发生润湿并产生扩散的温度，但是随着温度的升高，金属表面的氧化就会加速，而助焊剂此时就在整个金属表面上形成一层薄膜，包住金属使其同空气隔绝，从而起到了加热过程中防止氧化的作用。

③ 增加焊料流动，减小表面张力。焊料熔化后将贴附于金属表面，但由于焊料本身表面张力的作用，力图变成球状，从而减少了焊料的附着力，而助焊剂则有减少表面张力，增加流动的功能，故使焊料附着力增强；使焊接质量得到提高。

④ 使焊点更光亮、美观。合适的助焊剂能够调整焊点形状，保持焊点表面的光泽。

(2) 对助焊剂的要求

① 熔点应低于焊料，只有这样才能发挥助焊剂的作用。

② 表面张力、黏度、比重应小于焊料。

③ 残渣应容易清除。助焊剂所产生的残渣都带有酸性，会腐蚀金属，而且残渣影响美观。

④ 不能腐蚀母材。助焊剂酸性太强，在除去氧化膜的同时，也会腐蚀金属，从而造成危害。

⑤ 不产生有害气体和臭味。

(3) 助焊剂的分类与选用

助焊剂大致可以分为无机焊剂、有机焊剂和树脂焊剂三大类。其中以松香为主要成分的树脂焊剂在电子产品生产中占有重要地位，成为专用型助焊剂。

① 无机焊剂：无机焊剂的活性最强，常温下就能除去金属表面的氧化膜。但这种强腐蚀作用很容易损伤金属及焊点，电子焊接中是不用的。

② 有机焊剂：有机焊剂具有较好的助焊作用，但也有一定的腐蚀性，不易清除残渣，且挥发物污染空气，一般不单独使用，而是作为活化剂与松香一起使用。

③ 树脂焊剂：这种焊剂的主要成分是松香。松香的主要成分是松香酸和松香酯酸酐，在常温下几乎没有任何化学活力，呈中性；当加热到熔化时，呈弱酸性。可与金属氧化膜发生还原反应，生成的化合物悬浮在液态焊锡表面，也起到焊锡表面不被氧化的作用。焊接完毕恢复常温后，松香又变成固体，无腐蚀，无污染，绝缘性能好。松香乙醇焊剂是指用无水乙醇溶解纯松香，配制成25%～30%的乙醇溶液。这种焊剂的优点是没有腐蚀性、高绝缘性能和长期的稳定性及耐湿性。焊

接后清洗容易，并形成膜层覆盖焊点，使焊点不被氧化腐蚀。为提高其活性，常将松香溶于乙醇中再加入一定的活化剂。但在手工焊接中并非必要，只是在浸焊或波峰焊的情况下才使用。松香反复加热后会被碳化（发黑）而失效，发黑的松香不起助焊作用。现在普遍使用氢化松香，它从松脂中提炼而成，是专为锡焊生产的一种高活性松香，常温下性能比普通松香稳定，助焊作用也更强。助焊剂的选用应优先考虑被焊金属的焊接性能及氧化、污染等情况。铂、金、银、铜、锡等金属的焊接性能较强，为减少助焊剂对金属的腐蚀，多采用松香作为助焊剂。焊接时，尤其是手工焊接时多采用松香焊锡丝。铅、黄铜、青铜、铍青铜及带有镍层金属材料的焊接性能较差，焊接时，应选用有机焊剂。焊接时能减小焊料表面张力，促进氧化物的还原作用，它的焊接能力比一般的焊锡丝好，但要注意焊后的清洗问题。

4. 阻焊剂

焊接中，特别是在浸焊及波峰焊中，为提高焊接质量，需要耐高温的阻焊涂料，使焊料只在需要的焊点上进行焊接，而把不需要焊接的部分保护起来，起到一种阻焊作用，这种阻焊材料称为阻焊剂。

（1）阻焊剂的作用

① 防止桥接、短路及虚焊等现象的出现，提高焊点的质量。

② 因印制电路板板面部分被阻焊剂覆盖，焊接时受到的热冲击小，降低了印制电路板的温度，使板面不易起泡、分层，同时也起到保护元器件和集成电路的作用。

③ 除了焊盘外，其他部位均不上锡，这样可以节约大量的焊料。

④ 使用带有色彩的阻焊剂，可使印制电路板的板面显得整洁美观。

（2）阻焊剂的分类

阻焊剂按成膜方法，分为热固性和光固性两大类，即所用的成膜材料是加热固化还是光照固化。目前热固化阻焊剂被逐步淘汰，光固化阻焊剂被大量采用。热固化阻焊剂具有价格便宜、黏接强度高的优点，但也具有加热温度高，时间长，印制电路板容易变形，能源消耗大，不能实现连续化生产等缺点。光固化阻焊剂在高压汞灯下照射 2～3 min 即可固化，因而可节约大量能源，提高生产效率，便于自动化生产。

三、焊接实训练习准备

焊接是电子产品组装过程中的重要环节之一，如果没有相应的焊接工艺质量保证，任何一个设计精良的电子装置都难以达到设计指标。因此，在焊接时，必须做到以下几点。

1. 必须具有充分的可焊性

金属表面被熔融焊料浸湿的特性称为可焊性，是指被焊金属材料与焊锡在适当的温度及助焊剂的作用下，形成结合良好合金的能力。只有能被焊锡浸湿的金属才具有可焊性。铜及其合金、金、银、铁、锌、镍等都具有良好的可焊性。即使是可焊性好的金属，因为表面容易产生氧化膜，为了提高其可焊性，一般采用表面镀锡、镀银等。铜是导电性能良好和易于焊接的金属材料，所以应用最为广泛。常用的元器件引线、导线及焊盘等，大多采用铜材制成。

2. 焊件表面必须保持清洁

即使是可焊性好的焊件，由于长期存储和污染等原因，焊件的表面可能产生有害的氧化膜、油污等。所以，在实施焊接前必须清洁表面，否则难以保证质量。

3. 使用合适的助焊剂，焊点表面要光滑、清洁

为使焊点美观、光滑、整齐，不但要有熟练的焊接技能，而且要选择合适的焊料和助焊剂，否则将出现焊点表面粗糙、拉尖、棱角等现象。

4. 焊接时温度要适当，加热均匀

焊接时，将焊料和被焊金属加热到焊接温度，使熔化的焊料在被焊金属表面浸润扩散并形成金属化合物。因此，要保证焊点牢固，一定要有适当的焊接温度。

加热过程中不但要将焊锡加热熔化，而且要将焊件加热到熔化焊锡的温度。只有在足够高的温度下，焊料才能充分浸润，并充分扩散形成合金层。过高的温度是不利于焊接的。

5. 焊接时间适当

焊接时间对焊锡、焊接元件的浸润性、结合层形成有很大影响。准确掌握焊接时间是优质焊接的关键。

6. 焊点要有足够的机械强度

为保证被焊件在受到振动或冲击时不至脱落、松动，因此，要求焊点要有足够的机械强度。为使焊点有足够的机械强度，一般可采用把被焊元器件的引线端子打弯后再焊接的方法，但不能用过多的焊料堆积，这样容易造成虚焊、焊点与焊点的短路。

7. 焊接必须可靠，保证导电性能

为使焊点有良好的导电性能，必须防止虚焊。虚焊是指焊料与被焊物表面没有形成合金结构，只是简单地依附在被焊金属的表面上。在焊接时，如果只有一部分形成合金，而其余部分没有形成合金，这种焊点在短期内也能通过电流，用仪表测量也很难发现问题。但随着时间的推移，没有形成合金的表面就要被氧化，此时便会出现时通时断的现象，这势必造成产品的质量问题。总之，质量好的焊点应该是：光亮、对称、均匀且与焊盘大小比例合适；无焊剂残留物。

四、焊接前准备工作

1. 元器件引线弯曲成形

为使元器件在印制电路板上的装配排列整齐并便于焊接，在安装前通常采用手工或专用机械把元器件引脚弯曲成一定的形状。元器件在印制电路板上的安装方式有三种：立式安装、卧式安装和表面安装。立式安装和卧式安装无论采用哪种方法，都应该按照元器件在印制电路板上孔位的尺寸要求，使其弯曲成形的引脚能够方便地插入孔内。引脚弯曲处距离元器件实体至少在 2 mm 以上，绝对不能从引线的根部开始弯折，如图 2-40 所示。

图 2-40 元器件引线成形图示

2. 镀锡

为了提高焊接的质量和速度，避免虚焊等缺陷，应该在装配以前对焊接表面进行可焊性处理——镀锡。在电子元器件的待焊面（引线或其他需要焊接的地方）镀上焊锡，是焊接之前一道十

分重要的工序，尤其是对于一些可焊性差的元器件，镀锡更是至关紧要的。专业电子生产厂家都备有专门的设备进行可焊性处理。

镀锡实际就是液态焊锡对被焊金属表面浸润，形成一层既不同于被焊金属又不同于焊锡的结合层。由这个结合层将焊锡与待焊金属这两种性能、成分都不相同的材料牢固连接起来。镀锡有以下工艺要点：

(1) 待镀面应该清洁

有人认为，既然在锡焊时使用助焊剂助焊，就可以不注意待焊表面的清洁，这是错误的想法。因为这样会造成虚焊之类的焊接隐患。实际上，助焊剂的作用主要是在加热时破坏金属表面的氧化层，但它对锈迹、油迹等并不能起作用。各种元器件、焊片、导线等都可能在加工、存储的过程中带有不同的污物。对于较轻的污垢，可以用乙醇或丙酮擦洗；严重的腐蚀性污点，只有用刀刮或用砂纸打磨等机械办法去除，直到待焊面上露出光亮的金属本色为止。

(2) 烙铁头的温度要适合

烙铁头温度低了锡镀不上；温度高了，容易产生氧化物，使锡层不均匀，或烧坏焊件。要根据焊件的大小，使用相应的焊接工具，供给足够的热量。由于元器件所承受的温度不能太高，所以必须掌握恰到好处的加热时间。

(3) 要使用有效的焊剂

在焊接电子产品时，广泛使用松香乙醇溶液或松香作为助焊剂。这种助焊剂无腐蚀性，在焊接时去除氧化膜，增加焊锡的流动性，使焊点可靠美观。正确使用有效的助焊剂，是获得合格焊点的重要条件之一。应该注意，松香经过反复加热就会碳化失效，松香发黑是失效的标志。失效的松香是不能起到助焊作用的，应该及时更换；否则，反而会引起虚焊。在小批量生产中，可以使用锡锅进行镀锡。

(4) 多股导线镀锡

在电子产品装配中，用多股导线进行连接还是很多的。导线连接故障也时有发生，这与导线接头处理不当有很大关系。对多股导线镀锡，要注意以下几点。

① 剥导线绝缘层时不要伤线。

② 多股导线的接头要很好地绞合，否则在镀锡时会散乱，容易造成电气故障。

③ 助焊剂不要沾到绝缘皮上，否则难以清洗。

五、焊接操作

手工焊接是焊接技术的基础，是电子产品装配中的一项基本操作技能。手工焊接适用于小批量电子产品的生产、具有特殊要求的高可靠产品的焊接、某些不便于机器焊接的场所以及调试和维修中的修复焊点和更换元器件等。

1. 焊锡丝的拿法

焊锡丝一般有两种拿法，如图 2-41 所示。由于在焊锡丝中含有一定比例的铅，而铅又是对人体有害的一种重金属。因此，焊接时应戴上手套或操作后洗手，避免食入铅粉。

(a) 连续送锡　　(b) 断续送锡

图 2-41　焊锡丝握法

2. 焊接五步法

焊接五步法是常用的基本焊接方法，适合于焊接热容量大的工件，如图 2-42 所示。

图 2-42 焊接五步法

① 准备焊接。右手拿电烙铁,左手拿焊锡丝,将烙铁头和焊锡丝靠近被焊点,处于随时可以焊接的状态。

② 放上烙铁,加热焊件。将电烙铁放在工件上进行加热。

③ 送入焊锡。将焊锡丝放在工件上,熔化适量的焊锡。

④ 撤离焊锡。当熔化适量的焊锡后,迅速拿开焊锡丝。

⑤ 撤离烙铁。当焊锡浸润焊盘并扩散范围达到要求时,拿开电烙铁。注意撤离电烙铁的速度和方向。

3. 焊接三步法

对于焊接热容量较小的工件,可简化为三步法操作。

① 准备焊接。右手拿电烙铁,左手拿焊锡丝,将烙铁头和焊锡丝靠近被焊点,处于随时可以焊接的状态。

② 放上电烙铁和焊锡丝。同时放上电烙铁和焊锡丝,熔化适量的焊锡。

③ 撤丝移烙铁。当焊锡的扩展范围达到要求后,拿开焊锡丝和电烙铁。这时注意拿开焊锡丝的时机不得迟于电烙铁的撤离时间。

4. 特殊元器件的焊接

① 焊接晶体管时,注意每个晶体管的焊接时间不要超过 10 s,并使用尖嘴钳或镊子夹持引脚散热,以免烫坏晶体管。

② 焊接 CMOS 电路时,如果事先已将各引线短路,焊接前不要拿掉短路线,对使用高电压的电烙铁,最好在焊接时拔下插头,利用余热焊接。

③ 焊接集成电路时,在保证浸润的前提下,尽可能缩短焊接时间,一般每个引脚不要超过 2 s。

④ 焊接集成电路时,电烙铁最好选用 20 W 内热式的,并注意保证良好接地。必要时,还要采取人体接地的措施。

⑤ 集成电路若不使用插座直接焊到印制电路板上,安全焊接的顺序是:地端→输出端→电源端→输入端。

5. 导线焊接

导线同接线端子、导线与导线之间的焊接有三种基本形式:绕焊、钩焊和搭焊。其中绕焊可靠性最好,常用于要求可靠性高的地方;钩焊的强度低于绕焊,但操作简单;搭焊的连接最方便,但强度及可靠性最差,仅用于临时连接或不便于缠、钩的地方以及某些接插件上。

6. 拆焊

在调试、维修电子设备的工作中,经常需要更换一些元器件。更换元器件的前提是要把原先的元器件拆焊下来。如果拆焊的方法不当,就会破坏印制电路板,也会使换下来但并没失效的元器件无法重新使用。当拆焊多个引脚的集成电路或多引脚元器件时,一般有以下几种方法。

(1) 选用合适的医用空心针头拆焊

将医用空心针头用钢锉锉平,作为拆焊的工具。具体方法是:一边用电烙铁熔化焊点,一边把针头套在被焊元器件引线上,直至焊点熔化后,将针头迅速插入印制电路板的孔内,使元器件的引线与印制电路板的焊盘脱开。

(2) 用吸锡材料拆焊

可用作吸锡材料的有屏蔽线编织网、细铜网或多股铜导线等。将吸锡材料加松香助焊剂,用电烙铁加热进行拆焊。

(3) 采用吸锡电烙铁或吸锡器进行拆焊

(4) 采用专用拆焊工具进行拆焊

专用拆焊工具能依次完成多引线引脚元器件的拆焊,而且不易损坏印制电路板及其周围的元器件。

(5) 用热风枪或红外线焊枪进行拆焊

热风枪或红外线焊枪可同时对所有焊点进行加热,待焊点熔化后取出元器件。对于表面安装元器件,用热风枪或红外线焊枪进行拆焊效果最好。用此方法拆焊的优点是拆焊速度快,操作方便,不易损伤元器件和印制电路板上的铜箔。

7. 焊点质量检查

为了保证焊接质量,一般在焊接后都要进行焊点质量检查,主要有以下几种方法。

(1) 外观检查

就是通过肉眼从焊点的外观上检查焊接质量,可以借助 3~10 倍放大镜进行目检。目检的主要内容有:焊点是否有错焊、漏焊、虚焊和连焊;焊点周围是否有焊剂残留物;焊接部位有无热损伤和机械损伤现象。

(2) 拨动检查

在外观检查中发现有可疑现象时,可用镊子轻轻拨动焊接部位进行检查,并确认其质量。主要包括导线、元器件引线和焊盘与焊锡是否结合良好,有无虚焊现象;元器件引线和导线根部是否有机械损伤。

(3) 通电检查

通电检查可以发现许多微小的缺陷,例如,用目测观察不到的电路桥接、内部虚焊等。造成焊接缺陷的原因很多,表 2-6 为常见焊点的缺陷及分析。

表 2-6 常见焊点的缺陷及分析

焊点缺陷	外观特点	危害	原因分析
焊料过多	焊料面呈凸形	浪费焊料,且容易产生缺陷	焊锡丝撤离过迟
焊料过少	焊料未形成平滑面	机械强度不足	焊锡丝撤离过早
松香焊	焊缝中夹有松香渣	强度不足,导通不良	助焊剂过多或已失效; 焊接时间不足; 表面氧化膜未去除
过热	焊点发白,无金属光泽,表面较粗糙	焊盘容易剥落,强度降低	电烙铁功率过大,加热时间过长

续上表

焊点缺陷	外观特点	危害	原因分析
冷焊	表面呈现豆腐渣状颗粒，有时可能有裂纹	强度低，导电性不好	焊料未凝固前焊件抖动或电烙铁功率不够
浸润不良	焊料与焊件交面接触角过大	强度低，不通或时通时断	焊件清理不干净；助焊剂不足或质量差；焊件未充分加热
不对称	焊锡未流满焊盘	强度不足	焊料流动性不好；助焊剂不足或质量差；加热不足
松动	导线或元器件引线可移动	强度不足	焊料流动性不好；助焊剂不足或质量差；加热不足
拉尖	出现尖端	外观不佳，容易造成桥接现象	助焊剂过少，而加热时间长；引线未处理好（浸润差或不浸润）
桥接	相邻导线连接	电器短路	焊锡过多；电烙铁撤离方向不当
针孔	目测或低倍放大镜可见有孔	强度不足，焊点容易腐蚀	焊盘孔与引线间隙太大
气泡	引线根部有时有喷火式焊料隆起，内部藏有空间	暂时导通，但长时间容易引起导通不良	引线与孔间隙过大或引线浸润性不良
剥离	焊点剥落（不是铜箔剥落）	断路	焊盘镀层不良

六、电子工艺生产中的焊接

在电子工艺生产中，随着电子产品的小型化、微型化的发展，为了提高生产效率，降低生产成本，保证产品质量，在电子工艺生产中采用自动化的焊接系统。

1. 浸焊

浸焊是将装好元器件的印制电路板在熔化的锡锅内浸锡，一次完成印制电路板上众多焊接点的焊接方法。浸焊要求先将印制电路板安装在具有振动头的专用设备上，然后再进入焊料中。此法在焊接双面印制电路板时，能使焊料浸润到焊点的金属化孔中，使焊接更加牢固，并可振动掉多余焊料，焊接效果较好。需要注意的是，使用锡锅浸焊，要及时清理掉锡锅内熔融焊料表面形成的氧化膜、杂质和焊渣。此外，焊料与印制电路板之间大面积接触，时间长，温度高，容易损坏元器件，还容易使印制电路板变形。通常，很少采用机器浸焊。对于小体积的印制电路板如果要求不高时，采用手工浸焊较为方便。手工浸焊是手持印制电路板来完成焊接，其步骤如下：

① 焊前应将锡锅加热，以熔化的焊锡达到230～250 ℃为宜。为了去掉锡层表面的氧化层，要随时加一些焊剂，通常使用松香粉。

② 在印制电路板上涂上一层助焊剂，一般是在松香乙醇溶液中浸一下。

③ 用简单的夹具将待焊接的印制电路板夹着浸入锡锅中，使焊锡表面与印制电路板接触。

④ 拿开印制电路板，待冷却后，检查焊接质量。如有较多焊点没有焊好，要重复浸焊。对于只

有个别焊点没有焊好的,可用电烙铁手工补焊。

在将印制电路板放入锡锅时,一定要保持平稳,印制电路板与焊锡的接触要适当。这是手工浸焊成败的关键。因此,手工浸焊时要求操作者必须具有一定的操作技能。

2. 波峰焊接

波峰焊接技术是先进的有利于实现全自动化生产流水线的焊接方式,它适用于品种基本固定、产量较大、质量要求较高的产品,纷纷被大、中型电子产品生产厂家在工业生产中所采用。特别是在家电生产厂家更能得到充分利用,效果十分明显。波峰焊接分为两种:一种是一次焊接工艺;另一种是两次焊接工艺。两者主要的区别在于两次焊接中有一个预焊工序。在预焊过程中,将元件固定在印制电路板上,然后用刀切除多余的引线头(称为砍头),这样从根本上解决了一次焊接中元器件容易歪斜和弹离现象。在一台设备上能完成二次焊接工序全部动作,故又称顺序焊接系统。波峰焊接的主要设备是波峰焊机。波峰焊接的原理图如图 2-43 所示。

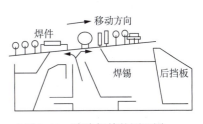

图 2-43 波峰焊接的原理图

波峰焊接的工作流程如图 2-44 所示。

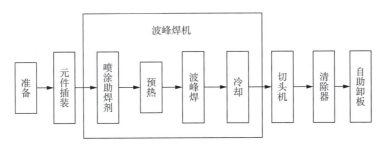

图 2-44 波峰焊接的工作流程

波峰焊接工艺中常见的问题及分析。

(1) 润湿不良

润湿不良的表现是焊锡无法全面地包覆被焊物表面,而让焊接物表面的金属裸露。润湿不良在焊接作业中是不能被接受的,它严重地降低了焊点的"耐久性"和"延伸性",同时也降低了焊点的"导电性"及"导热性"。其原因有:印制电路板和元器件被外界污染物(油、漆、脂等)污染、PCB 及元器件严重氧化、助焊剂可焊性差等。可采用强化清洗工序、避免 PCB 及元器件长期存放、选择合格助焊剂等方法解决。

(2) 冷焊

冷焊是指焊点表面不平滑,如破碎玻璃的表面一样。当冷焊严重时,焊点表面甚至会有微裂或断裂的情况发生。冷焊产生的原因有:输送轨道的传送带振动,机械轴承或电动机风扇转动不平衡,抽风设备或电扇太强等。PCB 焊接后,保持输送轨道的平稳,让焊锡在固化的过程中,得到完美的结晶,即能解决冷焊的困扰。当冷焊发生时,可用补焊的方式修整。若冷焊严重时,则可考虑重新焊接二次。

(3) 包焊料

包焊料是指焊点周围被过多的焊锡包覆而不能断定其是否为标准焊点。其原因有:预热或焊锡锅温度不足；助焊剂活性与密度的选择不当；不适合的油脂类混在焊接流程中或焊锡的成分不标准或已严重污染等。

(4) 拉尖

产生拉尖的原因有：机器设备或使用工具温度输出不均匀；PCB 焊接设计不合理，焊接时局部吸热造成热传导不均匀；热容大的元器件吸热；PCB 或元件本身的可焊性不良；助焊剂的活性不够，不足以润湿等。

(5) 桥接

桥接是指将相邻的两个焊点连接在一起。其原因有：PCB 线路设计太近，元器件引脚不规律或元件引脚彼此太近等；PCB 或元器件引脚有锡或铜等金属杂物残留；PCB 或元器件引脚可焊性不良，助焊剂活性不够，焊锡锅受到污染；预热温度不够，焊锡波表面冒出污渣，PCB 沾焊锡太深等。当发现桥接时，可用手工焊分离。

(6) 焊点短路

焊点短路是指将不该连接在一起的两个焊点连在一起（注：桥接不一定短路，而短路一定桥接），其原因有：露出的线路太靠近焊点顶端，元件或引脚本身互相接触；焊锡波振动太严重等。

3. 再流焊

再流焊（又称回流焊）是预先在 PCB 焊接部位（焊盘）施放适量和适当形式焊料，然后贴放表面安装元器件，经固化（在采用焊膏时）后，再利用外部热源使焊料再次流动达到焊接目的的一种成组或逐点焊接工艺。与波峰焊接技术相比，再流焊接技术具有以下一些特征。

① 它不像波峰焊接那样，要把元器件直接浸渍在熔融的焊料中，所以元器件受到的热冲击小。但由于其加热方法不同，有时会施加给器件较大的热应力。

② 仅在需要部位施放焊料，能控制焊料施放量，能避免桥接等缺陷的产生。

③ 当元器件贴放位置有一定偏离时，由于熔融焊料表面张力的作用，只要焊料施放位置正确，就能自动校正偏离，使元器件固定在正常位置。

④ 可以采用局部加热热源，从而可在同一基板上，采用不同焊接工艺进行焊接。

⑤ 焊料中一般不会混入不纯物。使用焊膏时，能正确地保持焊料的组成。

再流焊技术主要按照加热方式进行分类，主要包括：气相再流焊、红外再流焊、热风炉再流焊、热板加热再流焊、红外光束再流焊、激光再流焊和工具加热再流焊等类型。再流焊操作方法简单，焊接效率高、质量好、一致性好，而且仅元器件引线下有很薄的焊料，是一种适合自动化生产的微电子产品装配技术。

4. 高频加热焊

高频加热焊是利用高频感应电流，在变压器二次回路将被焊的金属进行加热焊接的方法。高频加热焊装置是由与被焊件形状基本适应的感应线圈和高频电流发生器组成的。焊接的方法是：把感应线圈放在被焊件的焊接部位上，然后将垫圈形或圆形焊料放入感应圈内，再给感应圈通以高频电流，此时焊件就会受电磁感应而被加热。当焊料达到熔点时就会熔化并扩散，待焊料全部熔化后，便可移开感应圈或焊件。

5. 脉冲加热焊

这种焊接的方法是以脉冲电流的方式通过加热器在很短的时间内给焊点施加热量完成焊接的。

在焊接前,利用电镀及其他的方法在被焊接的位置上加上焊料,然后进行极短时间的加热,一般以 1 s 左右为宜,在焊料加热的同时也需加压,从而完成焊接。脉冲加热焊适用于小型集成电路的焊接。如电子手表、照相机等高密度焊点的产品,即不易使用电烙铁和焊剂的产品。脉冲加热焊的特点是:产品的一致性好,不受操作人员熟练程度高低的影响,而且能准确地控制温度和时间,能在瞬间得到所需要的热量,可提高效率和实现自动化生产。

6. 其他焊接方法

除上述几种焊接方法外,在微电子器件组装中,超声波焊、热超声金丝球焊、机械热脉冲焊都有各自的特点。激光焊能在几毫秒时间内将焊点加热熔化而实现焊接,是一种很有潜力的焊接方法。随着微处理机技术的发展,在电子焊接中使用微机控制焊接设备也进入实用阶段。例如,微机控制电子束焊接已在我国研制成功。还有一种所谓的光焊技术,已用于 CMOS 集成电路的全自动生产线,其特点是用光敏导电胶代替焊料,将电路片子粘在印制电路板上,用紫外线固化焊接。可以预见,随着电子工业的不断发展,传统的方法将不断得到完善,新的、高效率的焊接方法不断涌现。目前,我国较新的自动焊接系统已达到每小时可焊近 300 块印制电路板,最小不产生桥接的线距为 0.25 mm。

任务实施

本任务建议分组完成,每组 4~5 人(包括组长 1 人),组内成员分别独自完成知识链接相关知识的学习,组长根据成员的学习情况进行分工,各成员根据分工通过分头查阅资料,进行小组讨论,完成相应的工作。

一、学习相关知识,分解任务,进行小组分工

任务分工表见表 2-7,根据实际情况填写。

表 2-7 任务分工表

任务名称				
小组名称			组长	
小组成员	姓名		学号	
	姓名		学号	
	姓名		学号	
	姓名		学号	
	姓名		学号	
小组分工	姓名		完成任务	

二、电路焊接（50 分）

依照图 2-38 进行电路的焊接，采用通用电路板进行焊接，并将焊接所用的工具以及元器件分别填入表 2-8、表 2-9 中。

表 2-8　焊接工具表

序号	焊接工具	具体型号	个数	备注
1				
2				
3				
4				
5				

表 2-9　元器件耗材表

序号	焊接工具	具体型号	个数	备注
1				
2				
3				
4				
5				
6				
7				
8				
9				
10				
11				

三、电路功能检查（50 分）

对照本项目需求，对焊接的成品电路进行电路功能检查，将检查结果填入表 2-10 中。

表 2-10　功能检查表

序号	测试器件	功能指标	是否符合要求	分数
1	光敏电阻	LED_1/LED_2 亮灭		25
2	R_{P1} 阻值	LED 亮度		25

任务测评

教师引导学生对任务进行分析和讨论,针对任务反映的问题,根据各组提出解决方法,做简短的点评或补充性、提高性的总结,并指导各组进行组内互评,最后完成总体评价,将评价结果填入表2-11、表2-12中。

表2-11 组内互评表

任务名称				
小组名称				
评价标准	如任务实施所示,共100分			
序号	分值	组内互评(下行填写评价人姓名、学号)		平均分
1	50			
2	50			
总分				

表2-12 任务评价总表

任务名称					
小组名称					
评价标准	如任务实施所示,共100分				
序号	分值	自我评价(50%)			教师评价 思政评价 (50%)	单项总分
		自评	组内互评	平均分		
1	50					
2	50					
总分						

润物无声

咫尺匠心,精益求精

高速动车的舒适快捷,让人们出行更加方便,但很少有人关注车体下面的机械构造。宁允展是一位中车青岛四方机车车辆股份有限公司的高级技师,他负责研磨高铁列车的定位臂,这个部件相当于列车的"脚踝"。磨得太少,高铁的安全性无法保证;而磨得太多,整个高铁转向架可能报废。宁允展将手艺做到了极致,在细如发丝的空间里追求精益求精,他的研磨技艺和效率均达到了世界领先水平。对于宁允展来说,这项工作只能手工一点一点地打磨,容不得半点含糊。同学们应该积极向宁允展看齐,认真对待每一次实验和每一个结果,刻苦钻研技术,培养自己对待工作的精益求精精神。

项目总结

本项目主要介绍了电路的仿真、常用仿真软件的使用方法、基本电路的仿真方法以及电路的手工焊接等内容。通过本项目任务的操作,掌握根据工作任务的要求按照给定的电路图进行电路的功能仿真的方法,熟练使用手工焊接工具进行简单电路的搭建和焊接。通过分组合作培养质量意识、工匠精神和团队合作精神。

思考与练习

(1) 简述仿真软件在电子设计中的作用。
(2) 请在网络上找三个常用的简单电路,进行仿真练习。
(3) 简述手工焊接的常用工具及材料。
(4) 简述手工焊接五步法。
(5) 简述手工焊接过程中的注意事项。

项目三
选用信号发生器

项目引入

某电子产品制造公司为测试产品的性能，需要使用信号发生器模拟产品输入信号。下达了要求测试人员提供 10Vpp 幅度，幅度分辨率为 1 mV，幅度精确度为 ±2%，频率为 25 MHz，频率分辨率为 1 μHz，频率精确度为 ±2% 的正弦波、方波和谐波的信号发生器的任务。公司的测试人员在接到任务后按照任务的技术指标要求，选择合适的信号发生器，并且测试信号发生器的输出，进行误差分析，保证提供的设备技术指标的准确性。该公司编制了项目设计任务书，见表3-1。

表 3-1 项目设计任务书

项目三	选用信号发生器	课程名称	电子工艺综合实训
教学场所	电子工艺实训室	学时	8
项目要求	（1）完成信号发生器的选择； （2）完成利用信号发生器产生 10Vpp 幅度，幅度分辨率为 1 mV，幅度精确度为 ±2%，频率为 25 MHz，频率分辨率为 1 μHz，频率精确度为 ±2% 的正弦波、方波和谐波； （3）完成产生信号的误差分析		
器材设备	电子元件、基本电子装配工具、测量仪器、多媒体教学系统		

一、知识目标

（1）能够阐述信号发生器的工作原理；

（2）能够阐释信号发生器的相关指标；

（3）能够阐述信号发生器的测量步骤。

二、能力目标

(1) 能够根据测试要求选择信号发生器类型；
(2) 能够根据测试产品的技术指标选择信号发生器的技术指标；
(3) 能够使用信号发生器完成测试任务；
(4) 能够依据误差分析理论，处理并分析测量数据。

三、素质目标

(1) 培养职业规范观；
(2) 树立职业道德观。

项目实施

任务1 选择信号发生器

任务解析

本任务是依据测试要求选择合适的信号发生器，信号发生器的具体技术指标为 10 Vpp 幅度，幅度分辨率为 1 mV，幅度精确度为 ±2%；频率为 25 MHz，频率分辨率为 1 μHz，频率精确度为 ±2%，能产生正弦波、方波和谐波的信号。因此需要测试人员熟悉信号发生器的工作原理，理解信号发生器各参数指标的意义，这样才能正确选择信号发生器。

知识链接

一、信号发生器的作用、分类和基本组成

1. 信号发生器的作用

能产生不同频率、不同幅度的规则或不规则波形信号的设备称为信号发生器。信号发生器在电子系统的研制、生产、测试、校准及维护中有着广泛的应用。例如在电子测量中，一个系统电参数的数值或特性（如电阻的阻值、放大器的放大倍数、二端网络的频率特性等）必须在一定的电信号作用下才能表现出来。

可以借助于信号发生器，将其产生的信号作为输入激励信号，应用观察系统响应的方法进行测量。许多电子系统的性能只有在一定信号的作用下才能显现出来，如扬声器、电视机等。扬声器只有在外加音频信号时才能发声，如果不给电视机外加电视信号，其屏幕上就不会有图像。和示波器、电压表、频率计等仪器一样，信号发生器是电子测量领域中最基本、应用最广泛的一类电子仪器。

在其他领域，信号发生器也有着广泛的应用，例如机械部门的超声波探伤，医疗部门的超声波诊断、频谱治疗仪等。归纳起来，信号发生器的用途主要有以下三个方面：

(1) 激励源

在研制、生产、使用、测试和维修各种电子元器件、部件及整机设备时，都需要有信号发生器

作为激励信号，由它产生不同频率、不同波形的电压、电流信号并加到被测器件设备上，用其他测量仪器观察、测量被测者的输出响应，以分析确定它们的性能参数。

（2）标准信号发生器

如标准的正弦波发生器、方波发生器、脉冲波发生器、电视信号发生器等。这些信号一类是用于产生一些标准信号，提供给某类设备测量专用；另一类是用作对一般信号发生器校准，又称校准源。

（3）信号仿真

若要研究设备在实际环境下所受到的影响，而又暂时无法到实际环境中测量时，可以利用信号发生器给其施加与实际环境相同特性的信号来测量，这时信号发生器就要仿真实际的特征信号，如噪声信号、高频干扰信号等。

2. 信号发生器的分类

信号发生器的应用领域广泛，种类繁多，性能指标各异，分类方法亦不同。按用途有专用和通用之分；按性能有一般和标准信号发生器之分；按调试类型可以分为调幅、调频、调相、脉冲调制及组合调制信号发生器等；按频率调节方式可分为扫频、程控信号发生器等。下面介绍几种主要的分类方法。

按照输出信号的频率来分，大致可以分为六类：超低频率信号发生器，频率范围为 0.001~1 000 Hz；低频信号发生器，频率范围为 1 Hz~1 MHz；视频信号发生器，频率范围为 20 Hz~10 MHz；高频信号发生器，频率范围为 200 kHz~30 MHz；甚高频信号发生器，频率范围为 30 kHz~300 MHz；超高频信号发生器，频率在 300 MHz 以上。应该指出，按频段划分的方法并不是一种严格的界限，目前许多信号发生器可以跨越几个频段。

按输出的波形可以分为正弦波信号发生器，产生正弦波形或受调制的正弦信号；脉冲信号发生器，产生脉冲宽度不同的重复脉冲；函数信号发生器，产生幅度与时间成一定函数关系的信号，它在输出正弦波的同时还能输出同频率的三角波、方波、锯齿波等波形，以满足不同的测试要求，因其时间波形可用某些时间函数来描述而得名；噪声信号发生器，模拟产生各种干扰的电压信号。

按照信号发生器的性能标准，可以分为一般信号发生器和标准信号发生器。标准信号发生器的技术指标要求较高，有的标准信号发生器用于为收音机、电视机和通信设备的测量校准提供标准信号；还有一类高精度的直流或交流标准信号发生器是用于对数字万用表等高精度仪器或一般信号发生器进行校准，其输出信号的频率、幅度、调制系数等可以在一定范围内调节，而且准确度、稳定度、波形失真等指标要求很高。而一般信号发生器对输出信号的频率、幅度的技术指标要求相对低一些。

3. 信号发生器的基本组成

信号发生器的种类很多，信号产生方法各不相同，但其基本结构是一致的，如图 3-1 所示。它主要包括振荡器、变换器、输出电路及相关的外部环节。

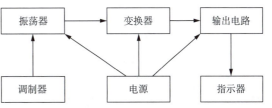

图 3-1 信号发生器结构框图

(1) 振荡器

振荡器是信号发生器的核心部分，由它产生各种不同频率的信号，通常是正弦波振荡器或自激脉冲发生器。它决定了信号发生器的一些重要工作特性，如工作频率范围、频率的稳定度等。

(2) 变换器

变换器可以是电压放大器、功率放大器或调制器、脉冲形成器等，它将振荡器的输出信号进行放大或变换，进一步提高信号的电平并给出所要求的波形。

(3) 输出电路

输出电路为被测设备提供所要求的输出信号电平或信号功率，包括调整信号输出电平和输出阻抗的装置，如衰减器、匹配用阻抗变换器、射极跟随器等电路。

二、信号发生器的主要技术指标

在各类信号发生器中，正弦信号发生器是最普通、应用最广泛的一类，几乎渗透到所有的电子学实验及测量中。其原因除了正弦信号容易产生，容易描述，又是应用最广的载波信号外，还由于任何线性双口网络的特性，都可以用它对正弦信号的响应来表征。

显然，由于信号发生器作为测量系统的激励源，则被测器件、设备的各项性能参数测量的质量，将直接依赖于信号发生器的性能。通常用频率特性、输出特性和调制特性（俗称"三大指标"）来评价正弦信号发生器的性能，其中包括30余项具体指标。不过由于各种仪器的用途不同，精度等级不同，并非每类每台产品都用全部指标进行考核。另外，各生产厂家出厂检验标准及技术说明书中的术语也不尽一致。这里仅介绍信号发生器中几项最基本、最常用的性能指标。

1. 频率特性

正弦信号的频率特性包括频率范围、频率准确度、频率稳定度三项指标。

(1) 频率范围

频率范围指信号发生器所产生的信号频率范围，该范围既可连续又可由若干频段或一系列离散频率覆盖，在此范围内应满足全部误差要求。例如国产 XD-1 型信号发生器，输出信号频率范围为 1 Hz～1 MHz，分六挡，即六个频段。为了保证有效频率范围连续，两相邻频段间有相互衔接的公共部分，即频段重叠。又如 HP 公司 HP-8660C 型频率合成器产生的正弦信号的频率范围为 10 kHz～2 600 MHz，可提供间隔为 1 Hz 总共近 26 亿个分立频率。

(2) 频率准确度

频率准确度是指信号发生器刻度盘（或数字显示）数值与实际输出信号频率间的偏差，通常用相对误差表示为

$$\gamma = \frac{f_0 - f_1}{f_1} \times 100\% \tag{3-1}$$

式中，f_0 为刻度盘或数字显示数值，又称预调值；f_1 是输出正弦信号频率的实际值。

频率准确度实际上是输出信号频率的工作误差。用刻度盘读数的信号发生器频率准确度约为 ±（1%～10%），精密低频信号发生器频率准确度可达 ±0.5%。例如，调谐式 XFC-6 型标准信号发生器，其频率标准优于 ±1%，而一些采用频率合成技术带有数字显示的信号发生器，其输出信号具有基准频率（晶振）的准确度，若机内采用高稳定度晶体振荡器，输出频率的准确度可达到 $10^{-10} \sim 10^{-8}$。

(3) 频率稳定度

频率稳定度指标要求与频率准确度相关。频率稳定度是指其他外界条件恒定不变的情况下,在规定时间内,信号发生器输出频率相对于预调值变化的大小。按照相关国家标准,频率稳定度又分为频率短期稳定度和频率长期稳定度。频率短期稳定度定义为信号发生器经过规定的预热时间后,信号频率在任意 15 min 内所发生的最大变化,表示为

$$\delta = \frac{f_{\max} - f_{\min}}{f_0} \times 100\% \tag{3-2}$$

式中, f_0 为预调频率; $f_{\max}$、$f_{\min}$ 分别为任意 15 min 的信号频率的最大值和最小值。

频率长期稳定度定义为信号发生器经过规定的预热时间后,信号频率在任意 3 h 所发生的最大变化。

需要指出,许多厂商的产品技术说明书中,并未按上述方式给出频率稳定度指标。例如,国产 HG1010 信号发生器和(美)KH4024 信号发生器的频率稳定度都是 0.01%/h,含义是经过规定的预热时间后,两种信号发生器每小时(h)的频率漂移($f_{\max} - f_{\min}$)与预调频率 f_0 之比为 0.01%。

有些则以天为时间单位表示稳定度。例如国产 QF1480 合成信号发生器频率稳定度为 5×10^{-10}/天,而 QF1076 信号发生器(频率范围为 10 MHz~520 MHz)频率稳定度为 50×10^{-6}/5 min + 1 kHz,是用相对值和绝对值的组合形式表示稳定度。又如,国产 XD-1 型信号发生器通电预热 30 min 后,第一小时内频率漂移不超过 $0.1\% \times f_0(\text{Hz})$,其后 7 h 内不超过 $0.2\% \times f_0(\text{Hz})$。

通常,通用信号发声器的频率稳定度为 $10^{-4} \sim 10^{-2}$,用于精密测量的高精度、高稳定度信号发生器的频率稳定度应高于 $10^{-7} \sim 10^{-6}$,而且要求频率稳定度一般应比频率准确度高 1~2 个数量级。例如 XD-2 型信号发生器的频率稳定度优于 0.1%,频率准确度优于 ±(1%~3%)。

2. 输出特性

输出特性指标主要有输出阻抗、输出电平、输出信号幅度稳定度及平坦度等项指标。

(1) 输出阻抗

输出阻抗的概念在"电路"或"电子电路"课程中都有说明。信号发生器的输出阻抗视其类型不同而异。低频信号发生器电压输出端的输出阻抗一般为 600 Ω(或 1 kΩ),功率输出端是依输出匹配变压器的设计而定,通常有 50 Ω、75 Ω、150 Ω、600 Ω 和 5 kΩ 等挡。高频信号发生器一般仅有 50 Ω 或 75 Ω 挡。当使用高频信号发生器时,要特别注意阻抗的匹配。

(2) 输出电平

输出电平指的是输出信号幅度的有效范围,即由产品标准规定的信号发生器的最大输出电压和最大输出功率及其衰减范围内所得到输出幅度的有效范围。输出幅度可以用电压(V、mV、μV)或分贝表示。例如 XD-1 型信号发生器的最大电压输出为 1 Hz~1 MHz > 5 V,最大功率输出为 10 Hz~700 kHz(50 Ω、75 Ω、150 Ω、600 Ω) > 4 W。

(3) 输出信号幅度稳定度及平坦度

幅度稳定度是指信号发生器经规定时间预热后,在规定时间间隔内输出信号幅度对预调幅度值的相对变化量。例如 HG1010 信号发生器幅度稳定度为 0.01%/h。平坦度分别指温度、电源、频率等引起的输出幅度变动量。使用者通常主要关心输出幅度随频率变化的情况。像用静态"点频法"测量放大器的幅频特性时就是如此。现代信号发生器一般都有自动电平控制电路(ALC),可以使平坦度保持在 ±1 dB 以内,即幅度波动控制在 ±10% 以内,例如 XD8B 超低频信号发生器的幅频特性小于 3%。

3. 调制特性

高频信号发生器在输出正弦波的同时，一般还能输出一种或两种以上的已被调制的信号。多数情况下是调幅信号和调频信号，有些还带有调相和脉冲调制功能。当调制信号由信号发生器内部产生时称为内调制；当调制信号由外部加到信号发生器时，称为外调制。这类带有输出已调波功能的信号发生器，是测试无线电收发设备等场合不可缺少的仪器。例如，XFC-6 标准信号发生器，就具备内、外调幅，内、外调频，或进行内调幅时进行外调频，或同时进行外调幅与外调频等功能。而像 HP8663 这类高档合成信号发生器，同时具有调幅、调频、调相、脉冲调制等功能。

评价信号发生器的性能指标不止上述各项，这里仅就最常用的、最重要的项目做了概括介绍。由于使用目的、制造工艺、工作机理等诸方面的因素，各类信号发生器的性能指标相差是很悬殊的，因而价格相差也就很大，所以在选用信号发生器的时候（选用其他测量仪器也是如此），必须考虑合理性和经济性。以对频率的准确度要求为例，当测试谐振回路的频率特性、电阻值和电容损耗角随频率变化时，仅需要 $\pm 1 \times 10^{-3} \sim \pm 1 \times 10^{-2}$ 的准确度；而当测试广播通信设备时，则要求 $\pm 10^{-7} \sim \pm 10^{-5}$ 的准确度，显然，两种场合应当选用不同档次的信号发生器。

任务实施

本任务建议分组完成，每组 4~5 人（包括组长 1 人），组内成员分别独自完成知识链接相关知识的学习，组长根据成员的学习情况进行分工，各成员根据分工通过分头查阅资料，参加小组讨论，完成相应的工作。

一、学习相关知识，分解任务，进行小组分工

任务分工表见表 3-2，根据实际情况填写。

表 3-2 任务分工表

任务名称				
小组名称			组长	
小组成员	姓名		学号	
	姓名		学号	
	姓名		学号	
	姓名		学号	
	姓名		学号	
小组分工	姓名		完成任务	

二、分析应选择的信号发生器类型（30分）

根据信号发生器的作用和原理的相关知识，列出根据波形分类（10分），信号发生器分几类，都是什么（10分）？按照任务的要求应该选择什么信号发生器（10分）？

_____
_____
_____
_____

三、技术指标的选择（30分）

信号发生器的频率特性和输出特性都包括哪些性能指标（15分）？按照任务的要求应该选择什么性能指标的信号发生器（15分）？

_____
_____
_____
_____

四、选择信号发生器（40分）

登录固纬电子（苏州）有限公司官网，查找 AFG-2225 任意波形信号发生器，了解该信号发生器的性能指标，判断是否满足项目的要求，填入表 3-3 中。

表 3-3　选择的信号发生器性能指标核准表

序号	性能指标	性能指标要求	所选仪器性能指标	是否符合要求	分数
1	幅度	10Vpp			5
2	幅度分辨率	1 mV			5
3	幅度精确度	±2%			5
4	频率	25 MHz			5
5	频率分辨率	1 μHz			5
6	频率精确度	±2%			5
7	波形类型	正弦波、方波和谐波			10

任务测评

教师引导学生对任务进行分析和讨论，针对任务反映的问题，根据各组提出解决方法，做简短的点评或补充性、提高性的总结，并指导各组进行组内互评，最后完成总体评价。将评价结果填入表 3-4、表 3-5 中。

表 3-4 组内互评表

任务名称					
小组名称					
评价标准	如任务实施所示，共 100 分				
序号	分值	组内互评（下行填写评价人姓名、学号）			平均分
1	30				
2	30				
3	40				
总分					

表 3-5 任务评价总表

任务名称					
小组名称					
评价标准	如任务实施所示，共 100 分				
序号	分值	自我评价（50%）			教师评价 思政评价（50%）	单项总分
		自评	组内互评	平均分		
1	30					
2	30					
3	40					
总分						

任务 2 使用信号发生器

任务解析

完成本项目任务 1 的分析后，固纬公司生产的 AFG-2225 任意波形信号发生器能满足任务的需求。本任务要求依据该信号发生器的操作方法，结合其基本原理，使用信号发生器产生符合要求的信号。

知识链接

一、低频信号发生器

低频信号发生器是信号发生器大家族中一个非常重要的组成部分，在模拟电子电路与系统设计、测试和维修中获得广泛的应用，其中最典型的一个例子是收音机、电视机、有线广播和音响设备中的音频放大器。事实上，"低频"就是从"音频"（20 Hz～20 kHz）的含义演化而来的。由于其他电路测试的需要，频率向上向下分别延伸至超低频和高频段。现在一般"低频信号发生器"是指 1 Hz～1 MHz 频段，最新的低频信号发生器的频率范围已达 1 Hz～10 MHz，输出波形以正弦波为主，或兼有方波及其他波形的发生器。

通用低频信号发生器的组成框图如图 3-2 所示。主要包括：主振级、电压放大器、输出衰减器和指示电压表以及有关调节装置。

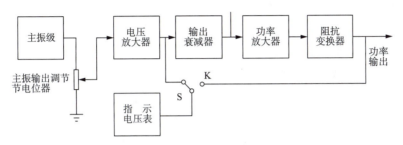

图 3-2　通用低频信号发生器的组成框图

主振级产生低频正弦振荡信号，经电压放大器放大，达到电压输出幅度的要求，经输出衰减器可直接输出电压，用主振输出调节电位器调节输出电压的大小。电压输出端的负载能力很弱，只能供给电压，故为电压输出。振荡信号再经功率放大器放大后，才能输出较大的功率。阻抗变换器用来匹配不同的负载阻抗，以便获得最大的功率输出。指示电压表通过开关换接，测量输出电压或输出功率。

主振级是低频信号发生器的核心，它产生频率可调的正弦信号，它决定了信号发生器的有效频率范围和频率稳定度。低频信号发生器中产生振荡信号的方法很多，但现代低频信号发生器中主振级广泛采用文氏电桥振荡器，如图 3-3 所示。文氏电桥振荡器由两级 RC 网络和放大器组成。

图中 R_1、C_1、R_2、C_2 组成 RC 选频网络，它跨接于放大器的输入端和输出端之间，形成正反馈，产生正弦振荡，振荡频率由选频网络中的元件参数决定。A 为两级放大器。R_f、R_s 组成负反馈臂，起到稳定输出信号幅度和减小失真的作用。该电路的振荡频率 f_0 为

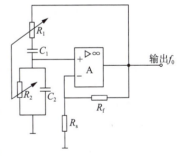

图 3-3　文氏电桥振荡器

$$f_0 = \frac{1}{2\pi\sqrt{R_1 C_1 R_2 C_2}} \tag{3-3}$$

调节 R（R_1 和 R_2）的大小可以改变输出信号的频率，调节 C（C_1 和 C_2）也可以改变输出信号的频率。通常 R 用于细调频率，C 用于粗调频率范围。输出信号的幅度由输出衰减器控制。

电压放大器兼有隔离和电压放大的作用。隔离是为了不使后级电路影响主振器的工作；电压放大是把振荡器产生的微弱振荡信号进行放大，使信号发生器的输出电压达到预定的技术指标，要求其具有输入阻抗高、输出阻抗低（有一定的带负载能力）、频率范围宽、非线性失真小等性能。一般采用射极跟随器或集成运放组成的电压跟随器。

输出衰减器如图 3-4 所示,用于改变信号发生器的输出电压或功率,通常分为连续调节和步进调节。连续调节由电位器实现,又称细调;步进调节由电阻分压器实现,并以分贝值为刻度,又称粗调。

信号发生器对步进衰减量的表示通常有两种:一种是直接用步进衰减器的输出电压 U_O 与输入电压 U_I 的比值来表示,即 U_O/U_I;另一种是将上述的比值取对数再乘以 20,即 $20\lg(U_O/U_I)$,单位为分贝(dB)。例如,当 $U_O/U_I = 0.1$ 时,表示衰减 10 倍,对数表示则为 20 dB。

衰减分贝数(dB)与衰减倍数的关系见表 3-6。

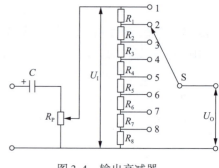

图 3-4　输出衰减器

表 3-6　衰减分贝数(dB)与衰减倍数的关系

衰减分贝数/dB	10	20	30	40	50	60	70	80	90
衰减倍数	3.16	10	31.6	100	316	1 000	3 160	10 000	31 600

实际输出电压应是电压表指示的电压值被衰减的分贝数相对应的倍数来除所得到的结果。

功率放大器对衰减器送来的电压信号进行功率放大,使之达到额定的功率输出。要求功率放大器的工作效率高,谐波失真小。

阻抗变换器用于匹配不同阻抗的负载,以便获得最大输出功率。使输出信号失真小,获得最佳负载输出。

指示电压表用于指示输出端输出电压的幅度,或对外部信号电压进行测量。输出指示有指针式电压表、数码 LED、LCD 等形式。

正弦波信号的输出电压,可通过调节旋钮根据实际需要进行调节。

二、高频信号发生器

高频信号发生器又称射频信号发生器,信号的频率范围在几十千赫到几百兆赫之间,广泛应用在高频电路测试中。为了测试通信设备,这种仪器具有一种或一种以上的组合调制(包括正弦调幅、正弦调频以及脉冲调制)功能。其输出信号的频率、电平、调制度可在一定范围内调节并能准确读数。高频信号发生器组成框图如图 3-5 所示。

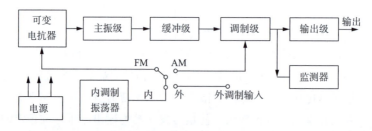

图 3-5　高频信号发生器组成框图

高频信号发生器主要由主振级、缓冲级、调制级、内调制振荡器、输出级、监测器和电源组成。

主振级产生的高频正弦信号，经缓冲级送入调制级，用内调制振荡器或外调制输入的音频信号调制，再送到输出级，以保证有一定的输出电平调节范围和恒定的源阻抗。

1. 主振级

主振级就是载波发生器，又称高频振荡器。振荡电路通常采用 LC 振荡器。通常通过切换振荡回路中不同的电感 L 来改变频段，通过改变振荡回路中的电容 C 来改变振荡频率。

2. 缓冲级

主要起隔离放大的作用，用来隔离调制级对主振级可能产生的不良影响，以保证主振级工作稳定，并将主振信号放大到一定的电平。

3. 调制级

主要完成对主振信号的调制。

4. 内调制振荡器

供给符合调制级要求的正弦调制信号。

5. 输出级

主要由放大器、滤波器、输出微调、输出衰减器等组成。

6. 监测器

监测器指示输出信号的载波电平和调制系数。

三、合成信号发生器

合成信号发生器是借助电子技术及计算机技术将一个（或几个）基准频率通过合成产生一系列满足实际需要频率的信号发生器。其基准信号通常由石英晶体振荡器产生。

1. 合成信号发生器产生的原因

随着电子科学技术的发展，对信号频率的稳定度和准确度提出了愈来愈高的要求。例如在无线电通信系统中，蜂窝通信频段在 912 MHz 并以 30 kHz 步进，为此，信号频率稳定度的要求必须优于 10^{-6}。同样，在电子测量技术中，如果信号发生器频率的稳定度和准确度不够高，就很难做到对电子设备特性进行准确测量。因此，频率稳定度和准确度是信号发生器的一个重要的技术指标。

在以 RC、LC 为主振荡器的信号发生器中，频率准确度一般只能达到 10^{-2} 量级，频率稳定度只能达到 $10^{-4} \sim 10^{-3}$ 量级，远远不能满足现代电子测量和无线电通信等方面的要求。另外，以石英晶体组成的晶体振荡器稳定度优于 10^{-8} 量级，但是它只能产生某些特定的频率，为此需要采用频率合成技术，产生一定频段的高稳定度的信号。

2. 频率合成的原理

在现代测量和现代通信技术中，需要高稳定度、高纯度的频率信号发生器。这种高稳定度的信号不能用 LC 或 RC 振荡器（稳定度只能达到 $10^{-4} \sim 10^{-3}$ 量级）产生，而一般采用晶体振荡器（稳定度可以优于 $10^{-8} \sim 10^{-6}$ 量级）来产生，但晶体振荡器只能产生一个固定的频率。当要获得许多稳定的信号频率时，采用很多个晶体振荡器来产生是不现实的，而采用频率合成的方法就能方便地实现。

频率合成是由一个或多个高稳定的基准频率（一般由高稳定的石英晶体振荡器产生），通过基本的代数运算（加、减、乘、除），得到一系列所需的频率。通过合成产生的各种频率信号，频率稳定度可以达到与基准频率源基本相同的量级。与其他方式的正弦信号发生器相比，信号发生器的频率稳定度可以提高 3~4 个数量级。

频率的代数运算是通过倍频、分频及混频技术来实现的。分频实现频率的除，即输入频率是输出频率的某一整数倍。倍频实现频率的乘，即输出频率为输入频率的整数倍。频率的加减则是通过频率的混频来实现。

3. 频率合成的分类及特点

频率合成技术随着集成电路技术的发展而不断发展和完善。当前主要的频率合成方式有：直接频率合成和间接频率合成。直接频率合成又可以分为模拟直接频率合成和数字直接频率合成。

(1) 直接频率合成

模拟直接频率合成是借助电子电路直接对基准频率进行算术运算，输出各种需要的频率。鉴于采用模拟电子技术，所以又称直接模拟频率合成法（direct analog frequency synthesis，DAFS）。

如基准频率源（石英晶体振荡器）产生 1 MHz 基准频率，产生 4.628 MHz 波形，通过谐波发生器产生 2 MHz、3 MHz、…、9 MHz 等谐波频率，连同 1 MHz 基准频率一起并接在纵横制线的电子开关上，通过电子开关取出 8 MHz、2 MHz、6 MHz、4 MHz 信号，再经过十分频器（完成÷10 运算）、混频器（完成加法或减法运算）和滤波器，最后产生输出信号。模拟直接合成 4.628 MHz 波形原理图如图 3-6 所示。

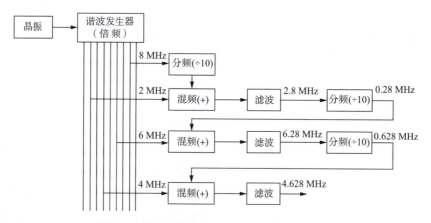

图 3-6　模拟直接合成 4.628 MHz 波形原理图

模拟直接频率合成的优点是工作可靠，频率转换速度快，但是需要大量的混频器、分频器和窄带滤波器，这样，造成体积大，难以集成化，所以价格昂贵。但是，直接频率合成切换频率的速度快。

(2) 数字直接频率合成

数字直接频率合成原理框图如图 3-7 所示，是在标准时钟的作用下，通过控制电路按照一定的地址关系从数据存储器 ROM（或 RAM）单元中读出数据，再进行数/模（D/A）转换，就可以得到一定频率的输出波形。由于输出信号（在 D/A 的输出端）为阶梯状，为了使之成为理想正弦波还必须进行滤波，滤除其中的高频分量，所以在 D/A 之后接平滑滤波器，最后输出频率为 f 的正弦信号。

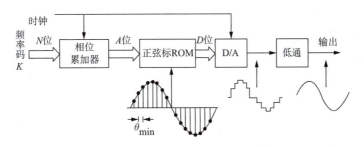

图 3-7 数字直接频率合成原理框图

数字直接频率合成的基本原理是基于采样技术和计算技术，通过数字合成来生成频率和相位对于固定的参考频率可调的信号。

任何频率的正弦波形都可以看作由一系列采样点所组成。设采样时钟频率为 f_c，正弦波每个周期由 K 个采样点构成，则该正弦波的频率为

$$f_o = \frac{1}{KT_c} = \frac{f_c}{K} \tag{3-4}$$

式中，T_c 为采样时钟周期。

如果改变采样时钟频率 f_c，则可以改变输出正弦波的频率 f_o。

如果将一个完整周期的正弦波形幅值数据存放于波形存储器 ROM 中，地址计数器在 f_c 的作用下进行加 1 的累加计数，生成对应的地址，并将该地址存储的波形数据，通过 D/A 转换器输出，就完成了合成的波形。其合成波形的输出频率取决于两个因素：采样时钟频率 f_c、ROM 中存储的正弦波。因此，改变时钟频率 f_c 或改变 ROM 中每周期波形的采样点数 K，均能改变输出频率 f_o。

如果改变地址计数器计数步进值 [即以值 $M(M>1)$ 来进行累加]，则在保持时钟频率 f_c 和 ROM 数据不变的情况下，可以改变每周期的采样点数，从而实现输出频率 f_o 的改变。例如，设存储器中存储了 K 个数据（一个周期的采样数据），则地址计数器步进为 1 时，输出频率 $f_o = f_c/K$；如果地址计数器步进为 M，则每周期采样点数为 K/M，输出频率 $f_o = (M/K)f_c$。

地址计数器步进值改变可以通过相位累加器来实现。相位累加器在 f_c 作用下进行累加，相位累加的步进幅度（相位增量 Δ）由频率控制字 M 决定。设相位累加器为 N 位（其累加值为 K），频率控制字为 M，则每来一个时钟作用后，累加器的值 $K_i + 1 = K_i + M$，若 $K_i + 1 > 2^N$ 则自动溢出（N 为累加器中的余数保留），参加下一次累加。将累加器输出中的高 $A(A<N)$ 位数据作为波形存储器的地址，即丢掉了低位 $(N-A)$ 的地址（又称相位截尾），波形存储器的输出经 D/A 转换和滤波后输出。

如果正弦波形定位到相位圆上的精度为 N 位，则其分辨力为 $1/2^N$，即以 f_c 对基本波形一周期的采样数为 2^N。如果相位累加器的步进为 M（频率控制字），则每个时钟 f_c 使得相位累加器的值增加 $M/2^N$，即 $K_i + 1 = K_i + (M/2^N)$，因此每周期的采样点数为 $2^N/M$，则输出频率为

$$f_o = \frac{M}{2^N} f_c \tag{3-5}$$

为了提高波形相位精度，N 的取值应较大，如果直接将 N 全部作为波形存储器的地址，则要求采用的存储器容量极大。当相位值变化小于 $1/2A$ 时，波形幅值并不会发生变化，但输出频率的分辨

力并不会降低，由于地址截断而引起的幅值误差称为截断误差。

四、函数信号发生器

在低频（或超低频）信号发生器的家族中，还有一种被称为函数信号发生器，简称函数发生器，它在输出正弦波的同时还能输出同频率的三角波、方波、锯齿波等波形，以满足不同的测试要求，因其时间波形可用某些时间函数来描述而得名。

函数信号发生器一般能输出方波、三角波、锯齿波、正弦波等波形，具有较宽的频率范围（0.1 Hz 到几十兆赫）及较稳定的频率。具有可变的上升时间（对方波）以及可变的直流补偿，具有较高的频率准确度和较强的驱动能力，波形失真应比较小。函数信号发生器的原理框图如图 3-8 所示。

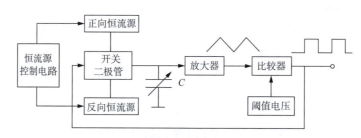

图 3-8　函数信号发生器的原理框图

函数信号发生器采用恒流对积分器中的电容器进行充、放电来产生三角波和方波。

开关二极管在电压比较器输出的开关信号作用下，用于控制恒流源对电容器进行充、放电。当正向恒流源对电容器进行充电时，电容器上的电压线性上升，若达到电压比较器的正阈值时，电压比较器电路状态翻转，迫使开关二极管状态改变，于是电容器对反向恒流源放电，若电容器上的电压降至电压比较器的负阈值时，电压比较器和电子开关的状态随之翻转，周而复始，于是在电容器上得到三角波，在电压比较器输出端得到方波。

如果改变充、放电的电流值或电容器的容量，便可获得不同频率的信号。可通过改变电容器的容量来改变输出信号的频段，通过调节电位器来改变恒流源电流的大小，以实现频率的连续变化。

改变正、负充放电电流的大小可使波形由三角波变为各种斜率的锯齿波，同时，方波就变成各种占空比的脉冲。采用多级桥式二极管网络，利用二极管的非线性原理，可使三角波变换为正弦波。由波形选择开关选出的正弦波、三角波及其他波形，经输出级的电压或功率放大后输出。

任务实施

本任务建议分组完成，每组 4~5 人（包括组长 1 人），组内成员分别独自完成知识链接相关知识的学习，按照操作步骤学习信号发生器的使用，组长根据成员的学习情况进行分工，各成员根据分工通过分头查阅资料，进行小组讨论，完成相应的工作。

一、学习相关知识，分解任务，进行小组分工

任务分工表见表 3-7，根据实际情况填写。

表 3-7 任务分工表

任务名称				
小组名称			组长	
小组成员	姓名		学号	
	姓名		学号	
	姓名		学号	
	姓名		学号	
	姓名		学号	
小组分工	姓名		完成任务	

二、熟记 AFG-2225 任意波形信号发生器安全说明（15 分）

在操作信号发生器前请详细阅读以下内容，确保安全和最佳化使用。

1. 安全符号（5 分）

安全符号说明见表 3-8。

表 3-8 安全符号说明

符号	含义
⚠ 警告	警告：产品在某一特定情况下或实际应用中可能对人体造成伤害或危及生命
⚠ 注意	注意：产品在某一特定情况下或实际应用中可能对产品本身或其他产品造成损坏
⚡	高压危险
⏚	保护导体端子
⏦	接地端子

续上表

符号	含义
(表面高温危险符号)	表面高温危险
(双层绝缘符号)	双层绝缘
(废弃物处理符号)	勿将电子设备作为未分类的市政废弃物处理。请单独收集处理或联系设备供应商

2. 安全操作指南（10分）

安全操作指南见表3-9。

表3-9 安全操作指南

符号	含义
通常 注意	勿将重物置于仪器上。 勿将易燃物置于仪器上。 避免严重撞击或不当放置而损坏仪器。 避免静电释放至仪器。 请使用匹配的连接线，切不可用裸线连接。 若非专业技术人员，请勿自行拆装仪器
电源 警告	AC输入电压：100～240 V，50～60 Hz。将交流电源插座的保护接地端子接地，避免电击触电
熔丝 警告	熔丝类型：F1A/250V。 请专业技术人员更换熔丝。 请更换指定类型和额定值的熔丝。 更换前请断开电源插座和所有测试线。 更换前请查明熔丝的熔断原因
清洁仪器	清洁前先切断电源。 以中性洗涤剂和清水沾湿软布擦拭仪器。 不要直接将任何液体喷洒到仪器上。 不要使用含苯、甲苯、二甲苯和丙酮等烈性物质的化学药品或清洁剂

续上表

符号	含义
操作环境	地点：室内，避免阳光直射，无灰尘，无导电污染，避免强磁场。 相对湿度：<80%。 海拔：<2 000 m。 温度：0~40 ℃
存储环境	地点：室内。 相对湿度：<70%。 温度：-10~70 ℃
处理	勿将电子设备作为未分类的市政废弃物处理。请单独收集处理或联系设备供应商。请务必妥善处理丢弃的电子废弃物，减少对环境的影响

三、熟悉 AFG-2225 任意波形信号发生器面板装置的名称、位置和作用（30 分）

AFG-2225 任意波形信号发生器前面板如图 3-9 所示。

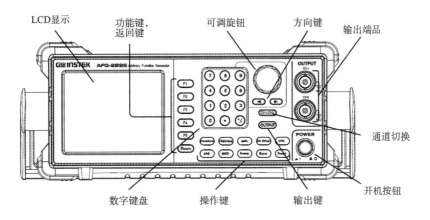

图 3-9　AFG-2225 任意波形信号发生器前面板

前面板功能见表 3-10。

表 3-10　前面板功能（10 分）

名称	图标	功能
LCD 显示		TFT 彩色 LCD 显示，320×240 分辨率
功能键：F1~F5	F1	位于 LCD 屏右侧，用于功能激活
返回键	Return	返回上一层菜单

续上表

名称	图标	功能
操作键	Waveform	用于选择波形类型
	FREQ/Rate	用于设置频率或采样率
	AMP	用于设置波形幅值
	DC Offset	设置直流偏置
	UTIL	用于进入存储和调取选项、更新和查阅固件版本、进入校正选项、系统设置、耦合功能、计频计
	ARB	用于设置任意波形参数
	MOD Sweep Burst	MOD、Sweep 和 Burst 键用于设置调制、扫描和脉冲串选项和参数
复位键	Preset	用于调取预设状态
输出键	Output	用于打开或关闭波形输出
通道切换	CH1/CH2	用于切换两个通道
输出端口	OUTPUT CH1 / CH2 (50Ω)	CH1 为通道一输出端口； CH2 为通道二输出端口

续上表

名称	图标	功能
开机按钮	POWER	用于开关机
方向键	◄ ►	当编辑参数时，可用于选择数字
可调旋钮		用于编辑值和参数减小/增加
数字键盘	7 8 9 / 4 5 6 / 1 2 3 / 0 · +/−	用于键入值和参数，常与方向键和可调旋钮一起使用

AFG-2225 任意波形信号发生器后面板如图 3-10 所示。后面板功能见表 3-11。

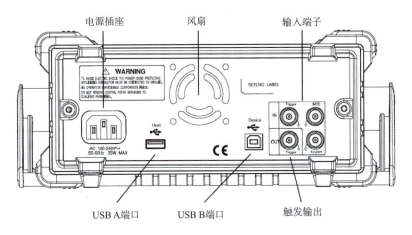

图 3-10　AFG-2225 任意波形信号发生器后面板

表 3-11　后面板功能（10 分）

名称	图标	功能
触发输入		信号外部触发输入。用于接收外部触发
触发输出		标记输出信号。仅用于 Sweep、Burst、ARB 模式
风扇		降低温度
电源插座		电源输入：AC 100～240 V，50～60 Hz
USB 接口	Host	连接外部 USB 设备
	Device	Mini-B 类 USB 接口用于连接 PC 和远程控制

续上表

名称	图标	功能
Counter in		计频器输入端子
MOD 输入		调制输入端子

AFG-2225 任意波形信号发生器显示面板如图 3-11 所示。显示面板功能见表 3-12。

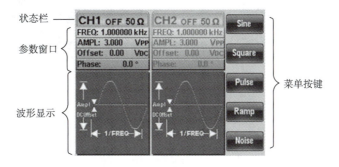

图 3-11　AFG-2225 任意波形信号发生器显示面板

表 3-12　显示面板功能（10 分）

面板	功能
参数窗口	参数显示和编辑窗口
状态栏	显示当前通道的设置状态
波形显示	用于显示波形
菜单按键	功能键（F1～F5）与左侧的软菜单键对应

四、信号发生器的操作（40分）

1. 数字输入（10分）

三类主要的数字输入：数字键盘、方向键和可调旋钮。数字输入操作方法见表3-13。

表3-13　数字输入操作方法

方法	图标
按（F1～F5）对应功能键选择菜单项。例如，功能键F1对应软键"Sine"	
使用方向键将光标移至需要编辑的数字	
使用可调旋钮编辑数字。顺时针增大，逆时针减小	
数字键盘用于设置高光处的参数值	

2. 信号输出（30分）

方波（10分）。例子：方波，3Vpp，75% 占空比，1 kHz。方波操作方法见表 3-14。

表 3-14　方波操作方法

输出	方法	图标
输出 CH1 50Ω	按 Waveform 键，选择 Square（F2）	Waveform　Square
	分别按（F1），7 + 5 + %（F2）	Duty　7　5　%
	分别按 FREQ/Rate 键，1 + kHz（F4）	FREQ/Rate　1　kHz
	分别按 AMPL，3 + VPP（F5）	AMPL　3　VPP
	按 OUTPUT 键	OUTPUT

斜波（10分）。例子：斜波，5Vpp，10 kHz，50% 对称度。斜波操作方法见表 3-15。

表 3-15　斜波操作方法

输出	方法	图标
输出 CH1 50Ω	按 Waveform 键，选择 Ramp（F4）	Waveform　Ramp
	分别按（F1），5 + 0 + %（F2）	SYM　5　0　%
	分别按 FREQ/Rate 键，1 + 0 + kHz（F4）	FREQ/Rate　1　0　kHz
	分别按 AMPL 键，5 + VPP（F5）	AMPL　5　VPP
	按 OUTPUT 键	OUTPUT

正弦波（10分）。例子：正弦波，10Vpp，100 kHz。正弦波操作方法见表 3-16。

表 3-16 正弦波操作方法

输出	方法	图标
输出 CH1 50Ω	按 Waveform 键,选择 Sine(F1)	Waveform Sine
	分别按 FREQ/Rate 键,1+0+0+kHz(F4)	FREQ/Rate 1 0 0 kHz
	分别按 AMPL 键,1+0+VPP(F5)	AMPL 1 0 VPP
	按 OUTPUT 键	OUTPUT

五、连接示波器(5 分)

将红色夹子连接示波器探头表笔,黑色夹子连接示波器探头夹子。几秒内,应当看到图 3-12 所示的频率为 500 Hz 电压约为 15 V 峰-峰值的正弦波。

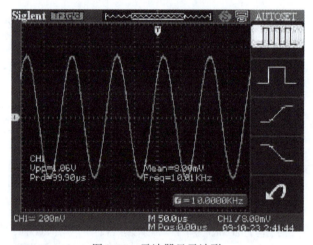

图 3-12 示波器显示波形

六、关闭测试设备(10 分)

测试完毕按照下列顺序关闭测试设备。

① 断开信号源测试电缆和示波器探头的连接。
② 卸下示波器探头。
③ 关闭示波器。
④ 卸下示波器电源线。
⑤ 把信号源输出幅度调节旋钮置于逆时针旋到底的起始位置。

⑥ 卸下信号源测试电缆。
⑦ 关闭信号源。
⑧ 卸下信号源电源线。
⑨ 把电源线、测试电缆、探头装入抽屉。

任务测评

教师引导学生对任务进行分析和讨论，针对任务反映的问题，根据各组提出解决方法，做简短的点评或补充性、提高性的总结，并指导各组进行组内互评，最后完成总体评价。评价结果填入表3-17、表3-18中。

表3-17　组内互评表

任务名称					
小组名称					
评价标准		如任务实施所示，共100分			
序号	分值	组内互评（下行填写评价人姓名、学号）			平均分
1	15				
2	30				
3	40				
4	5				
5	10				
总分					

表3-18　任务评价总表

任务名称					
小组名称					
评价标准		如任务实施所示，共100分			
序号	分值	自我评价（50%）			教师评价 思政评价 （50%）	单项总分
		自评	组内互评	平均分		
1	15					
2	30					
3	40					
4	5					
5	10					
总分						

任务3 分析测量误差

任务解析

在测量中使用信号发生器时,需要了解信号发生器产生的电信号的准确度是否满足任务要求。通过多次测量得到表3-19所示的电信号频率测得值,假设这些测得值已消除了系统误差,试判别该测量列中是否含有粗大误差的测得值,计算数学期望,并进行数据处理,上报最终的测量结果。

表3-19 电信号频率测得值

序号	f/kHz	序号	f/kHz	序号	f/kHz
1	20.42	6	20.43	11	20.42
2	20.43	7	20.39	12	20.41
3	20.40	8	20.30	13	20.39
4	20.43	9	20.40	14	20.39
5	20.42	10	20.43	15	20.40

知识链接

一、了解有关误差的基本概念

1. 真值

一个量在被观测时,该量本身所具有的真实大小称为真值(记为 A_0)。在不同的时间和空间,被测量的真值往往是不同的。在一定的时间和空间环境条件下,某被测量的真值是一个客观存在的确定数值。要想得到真值,必须利用理想的测量仪器或量具进行无误差的测量,由此可以推断,真值实际上是无法得到的。

这是因为理想的测量仪器或量具,即测量过程的参考比较标准(又称计量标准)只是一个纯理论值。尽管随着科技水平的提高,可供实际使用的测量参考标准可以越来越接近理想的理论定义值,但误差总是存在的,而且在测量过程中还会受到各种主观和客观因素的影响,所以,做到无误差的测量是不可能的。

2. 实际值

满足规定准确度要求,用来代替真值使用的量值称为实际值(记为 A)又称约定真值。由于真值是无法绝对得到的,在误差计算中,常常用一定等级的计量标准作为实际值来代替真值。实际测量中,不可能都与国家计量标准相比对,所以国家通过一系列的各级实物计量标准构成量值传递网,把国家标准所体现的计量单位逐级比较传递到日常工作仪器或量具上去。

在每一级的比较中,都把上一级计量标准所测量的值当作准确无误的值,一般要求高一等级测量器具的误差为本级测量器具误差的1/3~1/10。在实际值中,把由国家设立的尽可能维持不变的各种实物标准作为指定值,例如,指定法国国家计量局保存的铂铱合金圆柱体质量原器的质量为 1 kg,指定国家天文台保存的铯钟组所产生的,在特定条件下铯 – 133 原子基态的两个超精细能级之间跃迁所对应辐射的 9 192 631 770 个周期的持续时间为 1 s 等。

3. 标称值

测量器具上标定的数值称为标称值,如标准电阻上标出的 1 Ω,标准电池上标出的电动势 1.018 6 V,标准砝码上标出的 1 kg 等。标称值并不一定等于它的真值或实际值,由于制造和测量水平的局限及环境因素的影响,它们之间存在一定的误差,因此,在标出测量器具的标称值时,通常还要标出它的误差范围或准确度等级。例如某电阻的标称值为 1 kΩ,误差为 ±1%,即意味着该电阻的实际值在 990 Ω 到 1 010 Ω 之间;某信号发生器频率刻度的工作误差小于或等于 ±1% ±1 Hz,如果在额定条件下该仪器频率刻度是 100 Hz,这就是它的标称值,而实际值是 100 ± 100 × 1% ±1 Hz,即实际值在 98 到 102 之间。

4. 示值

由测量器具指示的被测量的量值称为测量器具的示值,又称测量仪器的测量值或测得值。一般来说,测量仪器的示值和读数是有区别的,读数是仪器刻度盘上直接读到的数字,对于数字显示仪表,通常示值和读数是一致的,但对于模拟指示仪器,示值需要根据读数值和所用的量程进行换算。例如以 100 分度表示量程为 50 mA 的电流表,当指针在刻度盘上的 50 位置时,读数是 50,而示值应是 25 mA。

5. 测量误差

在实际测量中,由于测量器具的不准确,测量手段的不完善,测量环境的影响,对客观规律认识的局限性以及工作中的疏忽或错误等因素,都会导致测量结果与被测量真值不同。测量仪器与被测量真值之间的差别称为测量误差。测量误差的存在具有必然性和普遍性,人们只能根据需要和可能,将其限制在一定的范围内而不可能完全加以消除。不同的测量,对其测量误差的大小,也就是测量准确度的要求往往是不同的。

人们进行测量的目的,通常是为了获得尽可能接近真值的测量结果,如果测量误差超过一定的限度,测量工作及由此产生的测量结果将失去意义。在科学研究及现代化生产中,错误的测量结果有时还会使研究工作误入歧途甚至带来灾难性的后果。研究误差理论的目的,就是要分析误差产生的原因及其发生规律,正确认识误差的性质,寻找减小或消除测量误差的方法,学会测量数据的处理方法,使测量结果更接近于真值。在测量中,研究误差理论还可以指导合理地设计测量方案,正确地选用测量仪器和测量方法,确保产品的质量。

二、测量误差的表示

1. 绝对误差

由测量所得到的被测量值 x 与其真值 A_0 之差,称为绝对误差,即

$$\Delta x = x - A_0 \tag{3-6}$$

式中,Δx 为绝对误差。

前面已提到,真值 A_0 一般无法得到,所以用实际值 A 代替 A_0,因而绝对误差更有实际意义的定义是:

$$\Delta x = x - A \tag{3-7}$$

绝对误差表明了被测量的测量值与被测量的实际值之间的偏离程度和方向。对于绝对误差，应注意以下两点：第一，绝对误差是有单位的量，其单位与测得值和实际值相同；第二，绝对误差是有符号的量，其符号表示出了测量值与实际值的大小关系，若测量值大于实际值，则绝对误差为正值，反之为负值。

在一般测量工作中，只要按规定的要求，误差可以忽略不计，就可以认为该值接近于真值，并用它来代替真值。除了实际值以外，还可以用已修正过的多次测量值的算术平均值来代替真值使用。

2. 修正值

与绝对误差的绝对值大小相等，但符号相反的量值，称为修正值，用 C 表示，即

$$C = -\Delta x = A - x \tag{3-8}$$

测量仪器的修正值可以是数值表格、曲线或函数表达式等形式。在日常测量中，利用仪器的修正值 C 和该已检仪器的示值 x，可以求得被测量的实际值为

$$A = x + C \tag{3-9}$$

例如用某电流表测电流，电流表的示值为 10 mA，该表在检定时，10 mA 刻度处的修正值是 + 0.04 mA，则被测电流的实际值为 10.04 mA。在自动测量仪器中，修正值还可以先编成程序存储在仪器中，测量时仪器可以对测量结果自动进行修正。

3. 相对误差

绝对误差虽然可以说明测量结果偏离实际值的情况，但不能完全科学地说明测量的质量（测量结果的准确程度）。因为一个量的准确程度，不仅与它的绝对误差的大小有关，而且与这个量本身的大小有关。当绝对误差相同时，这个量本身的绝对值越大，测量准确程度相对越高；这个量本身的绝对值越小，测量准确程度相对越低。

例如测量两个电压量，其中一个电压为 $V_1 = 10$ V，其绝对误差 $\Delta V_1 = 0.1$ V；另一个电压为 $V_2 = 1$ V，其绝对误差 $\Delta V_2 = 0.1$ V。尽管两次测量的绝对误差皆为 0.1 V，但是不能说两次测量的准确度是相同的，显然，前者测量的准确度高于后者测量的准确度。因此，为了说明测量的准确程度，又提出了相对误差的概念。

绝对误差与被测量的真值之比，称为相对误差（又称相对真误差），用 γ 表示，即

$$\gamma = \frac{\Delta x}{A_0} \times 100\% \tag{3-10}$$

相对误差是两个有相同量纲的量的比值，只有大小和符号，没有单位。

（1）实际相对误差

由于真值是不能确切得到的，通常用实际值 A 代替真值 A_0 来表示相对误差，用 γ_A 表示为

$$\gamma_A = \frac{\Delta x}{A} \times 100\% \tag{3-11}$$

式中，γ_A 为实际相对误差。

（2）示值相对误差

在误差较小、要求不太严格的场合，用测量值 x 代替实际值 A 来表示相对误差，用 γ_x 表示为

$$\gamma_x = \frac{\Delta x}{x} \times 100\% \tag{3-12}$$

式中，γ_x 为示值相对误差或测得值相对误差。它在误差合成中具有重要意义。当 Δx 很小时，$x \approx A$，此时，$\gamma_x \approx \gamma_A$。

4. 分贝误差——相对误差的对数表示

在电子学及声学测量中，常用分贝来表示相对误差，称为分贝误差。分贝误差是用对数形式（分贝数）表示的一种相对误差，单位为分贝（dB），用 γ_{dB} 表示。

$$\gamma_{dB} = 20\lg(1 + \gamma_x) \tag{3-13}$$

若测量的是功率增益，分贝误差定义为

$$\gamma_{dB} = 10\lg(1 + \gamma_x) \tag{3-14}$$

例 3-1　某晶体管单管放大器的电压增益的真值 $A = 80$ 倍（或实际值），现测量得到的电压增益 $x = 75$ 倍，求测量的相对误差和分贝误差是多少？

解　增益的绝对误差为

$$\Delta x = x - A = 75 - 80 = -5 \tag{3-15}$$

$$\gamma_x = \frac{\Delta x}{x} \times 100\% = \frac{-5}{80} \times 100\% = -6.25\% \tag{3-16}$$

分贝误差为

$$\gamma_{dB} = 20\lg(1 + \gamma_x) = 20\lg(1 - 0.0625) = -0.561 \text{ dB}$$

5. 满度相对误差（引用相对误差）

前面介绍的相对误差较好地反映了某次测量的准确程度，但是，在连续刻度的仪表中，用相对误差来表示整个量程内仪表的准确程度就有些不便。因为使用这种仪表时，在某一测量量程内，被测量有不同的数值，若计算相对误差，随着被测量的不同，式中的分母相应变化，求得的相对误差也将随着改变。

在用公式求相对误差时，用电表的量程作为分母，从而引出了满度相对误差（引用相对误差）的概念。实际中，常用测量仪器在一个量程范围内出现的最大绝对误差 Δx_m 与该量程的满刻度值（该量程的上限值与下限值之差）x_m 之比来表示，即

$$\gamma_m = \frac{\Delta x_m}{x_m} \times 100\% \tag{3-17}$$

式中，γ_m 为满度相对误差（又称引用相对误差）。

对于某一确定的仪器仪表，它的最大引用相对误差是确定的。

满度相对误差在实际测量中具有重要意义。

（1）用满度相对误差来标定仪表的准确度等级。我国电工仪表就是按引用相对误差 γ_m 之值进行分级的，γ_m 是仪表在工作条件下不应超过的最大引用相对误差，它反映了该仪表的综合误差大小。我国电工仪表共分七级：0.1、0.2、0.5、1.0、1.5、2.5 及 5.0。

其中，准确度等级在 0.2 级以上的仪表属于精密仪表，使用时要求较高的工作环境及严格的操作步骤，一般作为标准仪表使用。如果仪表准确度等级为 s 级，则说明该仪表的最大满度相对误差不超过 $s\%$，即 $|\gamma_m| \leq s\%$。

例 3-2　一块电压表的准确度为 1.0 级，计算出它在 0～50 V 量程中的最大绝对误差。

解　电压表的量程上限值是 $x_m = 50$ V，可得到

$$\Delta x_m = \gamma_m \times x_m = \pm 1.0\% \times 50\text{ V} = \pm 0.5\text{V}$$

例 3-3 一块 1.5 级电流表，用满度值为 100 μA 的量程来测量电路中三个不同大小的电流，测量结果分别为 $x_1 = 100$ μA、$x_2 = 60$ μA、$x_3 = 20$ μA。求三种不同电流情况下的最大绝对误差和示值相对误差。

解 最大绝对误差为

$$\Delta x_m = \gamma_m \times x_m = \pm 1.5\% \times 100 \text{ μA} = \pm 1.5 \text{ μA}$$

三种电流示值情况下的示值相对误差分别为

$$\gamma_{x_1} = \frac{\Delta x}{x} \times 100\% = \frac{\Delta x_m}{x_1} \times 100\% = \pm 1.5\%$$

$$\gamma_{x_2} = \frac{\Delta x}{x} \times 100\% = \frac{\Delta x_m}{x_2} \times 100\% = \pm 1.5/60 \times 100\% = \pm 2.5\%$$

$$\gamma_{x_3} = \frac{\Delta x}{x} \times 100\% = \frac{\Delta x_m}{x_3} \times 100\% = \pm 1.5/20 \times 100\% = \pm 7.5\%$$

例 3-4 若要测量一个 12 V 左右的稳压电源输出，现有两块电压表可供选择，其中一块量程为 150 V、1.5 级；另一块量程为 15 V、2.5 级。问选择哪一块表测量较为合适？

解 对于 1.5 级电压表，可能产生的最大绝对误差为

$$\Delta x_m = \gamma_m \times x_m = \pm 1.5\% \times 150\text{ V} = \pm 2.25\text{ V}$$

对于 2.5 级电压表，可能产生的最大绝对误差为

$$\Delta x_m = \gamma_m \times x_m = \pm 2.5\% \times 15\text{ V} = \pm 0.375\text{ V}$$

所以，用 1.5 级电压表测量示值为 12 V 的电压时，其误差范围在 12 V ± 2.25 V 之间，而用 2.5 级电压表测量时，其误差范围在 12 V ± 0.375 V 之间。可见误差范围小了不少。

三、分析测量误差的来源

为了减小测量误差，提高测量结果的准确度，必须明确测量误差的主要来源，并采取相应的措施减小测量误差。测量误差的主要来源有以下五个方面。

1. 仪器误差

仪器误差是由于测量仪器及其附件的设计、制造、装配、检定等环节不完善，以及仪器使用过程中元器件老化、机械部件磨损、疲劳等因素而使仪器设备带有的误差。例如，仪器内部噪声引起的内部噪声误差；仪器相应的滞后现象造成的动态误差；仪器仪表的零点漂移、刻度的不准确和非线性；读数分辨率有限而造成的读数误差以及数字仪器的量化误差等都属仪器误差。为了减小仪器误差的影响，应根据测量任务，正确地选择测量方法和仪器，并在额定的工作条件下按使用要求进行操作等。

2. 使用误差

使用误差又称操作误差，是由于对测量设备操作使用不当而造成的。比如有些仪器设备要求测量前进行预热而未预热；有些测量设备要求实际测量前必须进行校准（例如普通万用表测量电阻时应进行校零，用示波器观测信号的幅度前应进行幅度校准等）而未校准等。减小使用误差的方法就是要严格按照测量仪器使用说明书中规定的方法、步骤进行操作。

3. 影响误差

影响误差是指由于各种环境因素（温度、湿度、振动、电源电压、电磁场等）与测量要求的条

件不一致而引起的误差。

影响误差常用影响量来表征。所谓影响量，是指除了被测量以外，凡是对测量结果有影响的量，即测量系统输入信号中的非被测量值信息的参量。影响误差可以是来自系统外部环境（如环境温度、湿度、电源电压等）的外界影响，也可以是来自仪器系统内部（如噪声、漂移等）的内部影响。

通常影响误差是指来自外部环境因素的影响，当环境条件符合要求时，影响误差可不予考虑。但在精密测量中，须根据测量现场的温度、湿度、电源电压等影响数值求出各项影响误差，以便根据需要做进一步的处理。

4. 理论误差和方法误差

理论误差是指由于测量所依据的理论不严密，或者对测量计算公式的近似等原因，致使测量结果出现的误差。由于测量方法不合理（如用低输入阻抗的电压表去测量高阻抗电路上的电压）而造成的误差称为方法误差。

理论误差和方法误差通常以系统误差的形式表现出来。在掌握了具体原因及有关量值后，通过理论分析与计算或者改变测量方法，这类误差是可以消除或修正的。对于内部带有微处理器的智能仪表，做到这一点是很方便的。

5. 人身误差

人身误差是由于测量人员感官的分辨能力、反应速度、视觉疲劳、固有习惯、缺乏责任心等原因，而在测量中操作不当、现象判断出错或数据读取疏失等引起的误差。比如指针式仪表刻度的读取、谐振法测量时谐振点的判断等，都容易产生误差。

减小或消除人身误差的措施有：提高测量人员操作技能、增强工作责任心、加强测量素质和能力的培养、采用自动测试技术等。

四、测量误差的分类

虽然产生误差的原因多种多样，但按误差的基本性质和特点，误差可分为三类，即系统误差、随机误差和粗大误差。

1. 系统误差

在同一测量条件下，多次重复对同一量值进行测量时，测量误差的绝对值和符号保持不变，或在测量条件改变时按一定规律变化的误差，称为系统误差，简称系差。前者为恒值系差，后者为变值系差。

系统误差是由固定不变的或按确定规律变化的因素造成的，这些因素主要有：

（1）测量仪器方面的因素

仪器机构设计原理的缺陷、仪器零件制造偏差和安装不当、元器件性能不稳定等。如把运算放大器当作理想运放，由被忽略的输入阻抗、输出阻抗引起的误差；刻度偏差及使用过程中的零点漂移等引起的误差。

（2）环境方面的因素

测量时的实际环境条件（温度、湿度、大气压、电磁场等）相对于标准环境条件的偏差，测量过程中温度、湿度等按一定规律变化引起的误差。

（3）测量方法的因素

采用近似的测量方法或近似的计算公式等引起的误差。

（4）测量人员方面的因素

由于测量人员的个人原因，在刻度上估计读数时，习惯偏于某一方向；动态测量时，记录快速变化信号有滞后的倾向。

系统误差的主要特点是：只要测量条件不变，误差即为确切的数值，用多次测量取平均值的办法不能改变和消除系差；而当测量条件改变时，误差也随着某种确定的规律而变化，具有可重复性，较易修正和消除。

2. 随机误差

在同一测量条件下（指在测量环境、测量人员、测量技术和测量仪器等相同的条件下），多次重复对同一量值进行等精度测量时，每次测量误差的绝对值和符号以不可预知的方式变化的误差，称为随机误差或偶然误差，简称随差。

随机误差主要由对测量值影响微小但却互不相关的大量因素共同造成，这些因素主要包括以下几方面。

（1）测量装置方面的因素

仪器元器件产生的噪声，零部件配合不稳定、摩擦、接触不良等。

（2）环境方面的因素

温度的微小波动、湿度与气压的微量变化、光照强度变化、电源电压的无规则波动、电磁干扰、振动等。

（3）测量人员感觉器官的无规则变化而造成的读数不稳定等

随机误差的主要特点是：虽然某一次测量结果的大小和方向不可预知，但多次测量时，其总体服从统计学规律。在多次测量中，误差绝对值的波动有一定的界限，即具有有界性；当测量次数足够多时，正负误差出现的机会几乎相同，即具有对称性；同时随机误差的算术平均值趋于零，即具有抵偿性。由于随机误差的这些特点，可以通过多次测量取平均值的办法来减小随机误差对测量结果的影响，或者用数理统计的办法对随机误差加以处理。

3. 粗大误差

在一定测量条件下，测量结果明显偏离实际值所形成的误差称为粗大误差，简称粗差，又称疏失误差。产生粗差的主要原因有：

① 测量操作疏忽和失误，如测错、读错、记错以及实验条件未达到预定的要求而匆忙实验等。

② 测量方法不当或错误，如用普通万用表电压挡直接测量高内阻电源的开路电压，用普通万用表交流电压挡测量高频交流信号的幅值等。

③ 测量环境条件的突然变化，如电源电压突然增高或降低、雷电干扰、机械冲击等引起测量仪器示值的剧烈变化等。这类变化虽然也带有随机性，但由于它造成的示值明显偏离实际值，因此将其列入粗差范畴。

含有粗差的测量值称为坏值或异常值，由于坏值不能反映被测量的真实性，所以在数据处理时，应予以剔除。这样要考虑的误差就只有系统误差和随机误差两类。

五、随机误差的分析与处理

我们的任务就是要研究随机误差使测量数据按什么规律分布，多次测量的平均值有什么性质，以及在实际测量中对于有限次的测量,如何根据测量数据的分布情况,估计出被测量的数学期望、方差和被测量的真值出现在某一区间的概率等。总之,是用概率论和数理统计的方法来研究随机误差对测量数据的影响,并用数理统计的方法对测量数据进行统计处理,从而克服或减少随机误差的影响。

由于随机误差的存在,测量值也是随机变量。在测量中,测量值的取值可能是连续的,也可能是离散的。从理论上讲,大多数测量值的可能取值范围是连续的,而实际上由于测量仪器的分辨力不可能无限小,因而得到的测量值往往是离散的。此外,一些测量值本身就是离散的。例如测量单位时间内脉冲的个数,其测量值本身就是离散的。实际中,要根据离散型随机变量和连续型随机变量的特征来分析测量值的统计特性。

在概率论中,不管是离散型随机变量还是连续型随机变量都可以用分布函数来描述它的统计规律。但实际中较难确定概率分布,并且不少情况下也不需要求出概率分布规律,只需要知道某些数字特征就够了。数字特征是反映随机变量的某些特性的数值,常用的有数学期望和方差等。

1. 数学期望

随机变量(或测量值)的数学期望能反映其平均特性,其定义为:设离散型随机变量 X 的可能取值为 $x_1, x_2, \cdots, x_i, \cdots$,相应的概率为 $p_1, p_2, \cdots, p_i, \cdots$,则 X 数学期望定义为(条件是 $\sum_{i=1}^{\infty} x_i p_i$ 绝对收敛)

$$E(X) = \sum_{i=1}^{\infty} x_i p_i \tag{3-18}$$

若 X 为连续型随机变量,其分布函数为 $F(x)$,概率密度函数为 $p(x)$,则数学期望定义为(条件是积分收敛):

$$E(X) = \int_{-\infty}^{\infty} x p(x) \mathrm{d}x \tag{3-19}$$

数学期望反映了测量值的平均特性。在统计学中,数学期望与均值是同一个概念,无穷多次的重复条件下重复测量单次结果的平均值即为数学期望。

2. 方差和标准偏差

方差是用来描述随机变量的可能值与其数学期望的分散程度。设随机变量 X 的数学期望为 $E(X)$,则 X 的方差定义为

$$\delta^2 = D(X) = E\{[X - E(X)]^2\} \tag{3-20}$$

对于离散型随机变量

$$\delta^2 = D(X) = [x_i - E(X)]^2 p_i \tag{3-21}$$

或

$$\delta^2 = D(X) = \sum_{i=1}^{\infty} \delta_i^2 p_i \tag{3-22}$$

当测量次数 $n \to \infty$ 时,用测量值出现的频率 $1/n$ 代替概率 p_i,则测量值的方差为

$$\delta^2 = D(X) = \sum_{i=1}^{\infty} [x_i - E(X)]^2 \tag{3-23}$$

对于连续型随机变量

$$\delta^2 = D(X) = \int_{-\infty}^{\infty} [x - E(X)]^2 p(x) \, dx \tag{3-24}$$

或

$$\delta^2 = D(X) = \int_{-\infty}^{\infty} \delta^2 p(x) \, dx \tag{3-25}$$

式中，δ^2 称为测量值的样本方差，简称方差。

δ 取平方的目的是，不论 δ 是正是负，其平方总是正的，这样取平方后再进行平均才不会使正负方向的误差相互抵消，且求和取平均后，个别较大的误差在式中所占的比例也较大，使得方差对较大的随机误差反映较灵敏。

由于实际测量中 δ 都是带有单位的（mV、μV 等），因而方差是相应单位的平方，使用不很方便，为了与随机误差的单位一致，引入了标准偏差的概念。标准偏差 σ 定义为

$$\sigma = \sqrt{D(X)} \tag{3-26}$$

测量中，常常用标准偏差 σ 来描述随机变量 X 与其数学期望 $E(X)$ 的分散程度，即随机误差的大小，因为它与随机变量 X 具有相同量纲。σ 反映了测量的精密度，σ 小表示精密度高，测得值集中；σ 大表示精密度低，测得值分散。

在实际等精度测量中，当测量次数 n 为有限次时，常用算术平均值 $\bar{x}$ 作为被测量的数学期望或被测量的估计值，用 $M(X)$ 表示，即

$$M(X) = \frac{1}{n} \sum_{i=1}^{n} x_i \tag{3-27}$$

测量值的数学期望反映了测量值平均的结果。

测量值的方差反映了测量值的离散程度，也就是随机误差对测量值的影响。

对于方差，用贝塞尔公式估计：

$$\hat{\sigma}^2(X) = \frac{\sum_{i=1}^{n} v_i^2}{n-1} \quad \text{或} \quad \hat{\sigma}(X) = \sqrt{\frac{\sum_{i=1}^{n} v_i^2}{n-1}} \tag{3-28}$$

式中，$v_i = x_i - \bar{x}$ 称为残差。

3. 判别粗大误差的准则

在测量过程中，确实是因读错、记错数据，仪器的突然故障，或外界条件的突变等异常情况引起的异常值，一经发现，就应在记录中剔除，但需注明原因。这种从技术上和物理上找出产生异常值的原因，是发现和剔除粗大误差的首要方法。在测量完成后采用统计法进行判别。统计法的基本思想是：给定一个显著性水平，按一定分布确定一个临界值，凡超过这个界限的误差，就认为它不属于偶然误差的范围，而是粗大误差，该数据应予以剔除。

在判别某个测得值是否含有粗大误差时，要特别慎重，应做充分的分析和研究，并根据 3σ 判别准则予以确定。

3σ 判别准则是最常用也是最简单的判别粗大误差的准则，它是以测量次数充分多为前提，但通常测量次数比较少，因此该准则只是一个近似的准则。在实际测量中，常以贝塞尔公式算得 σ，以 $\bar{x}$ 代替真值。对某个可疑数据 x_d，若其残差满足：

$$|v_d| = |x_d - \bar{x}| > 3\sigma \tag{3-29}$$

则可认为该数据含有粗大误差，应予以剔除。

对粗大误差，除了设法从测量结果中发现和鉴别而加以剔除外，更重要的是要加强测量人员的工作责任心和对待测量工作的科学态度；此外，还要保证测量条件的稳定，或者应避免在外界条件发生激烈变化时进行测量。如能达到以上要求，一般情况下是可以防止粗大误差产生的。

在某些情况下，为了及时发现与防止测得值中含有粗大误差，可采用不等精度测量和互相之间进行校核的方法。例如对某一测量值，可由两位测量人员进行测量、读数和记录；或用两种不同仪器进行测量；或用两种不同测量方法进行测量。

六、数据处理的方法

测量的原始数据在进行具体的数学运算前，通过省略原数值的最后若干位数字，调整保留的末位数字，使最后所得到的值最接近原数值。具体的处理方法参照国家标准的规定。具体可参考 GB/T 8170—2008《数值修约规则与极限数值的表示和判定》。

任务实施

本任务建议分组完成，每组 4~5 人（包括组长 1 人），组内成员分别独自完成知识链接相关知识的学习，组长根据成员的学习情况，根据随机误差的处理方法、粗大误差的判断方法和数据处理方法进行分工，各成员根据分工通过分头查阅资料，参加小组讨论，完成相应的工作。

一、学习相关知识，分解任务，进行小组分工

任务分工表见表 3-20，根据实际情况填写。

表 3-20 任务分工表

任务名称				
小组名称			组长	
小组成员	姓名		学号	
	姓名		学号	
	姓名		学号	
	姓名		学号	
小组分工	姓名		完成任务	

二、计算任务给定的电信号频率测得值一组数据的数学期望（10 分）

任务报告单 1 见表 3-21。

表 3-21　任务报告单 1

任务名称	
小组名称	
任务结果	
序号	测得值 l
1	20.42
2	20.43
3	20.40
4	20.43
5	20.42
6	20.43
7	20.39
8	20.30
9	20.40
10	20.43
11	20.42
12	20.41
13	20.39
14	20.39
15	20.40
	$\bar{x} = \dfrac{\sum_{i=1}^{15} l_i}{n} =$

三、计算任务给定的电信号频率测得值一组数据的残差（10 分）

任务报告单 2 见表 3-22。

表 3-22　任务报告单 2

任务名称		
小组名称		
任务结果		
序号	测得值 l	v
1	20.42	
2	20.43	
3	20.40	
4	20.43	
5	20.42	
6	20.43	
7	20.39	
8	20.30	
9	20.40	
10	20.43	
11	20.42	
12	20.41	

续上表

序号	测得值 l	v
13	20.39	
14	20.39	
15	20.40	
	$\bar{x} = \dfrac{\sum\limits_{i=1}^{15} l_i}{n} =$	

四、计算任务给定的电信号频率测得值一组数据的方差（10 分）

依据贝塞尔公式计算方差：

$$\hat{\sigma}(X) = \sqrt{\dfrac{\sum\limits_{i=1}^{n} v_i^2}{n-1}} =$$

五、根据 3σ 准则判断粗大误差并予以剔除（15 分）

_____
_____
_____
_____
_____
_____

六、如有粗大误差，重新计算剔除后数据的数学期望 $\overline{x'}$（10 分）

$$\overline{x'} =$$

七、重新计算剔除后数据的残差 v'（10 分）

任务报告单 3 见表 3-23。

表 3-23　任务报告单 3

任务名称			
小组名称			
任务结果			
序号	l	v	v'
1	20.42		
2	20.43		
3	20.40		
4	20.43		
5	20.42		
6	20.43		
7	20.39		

续上表

序号	l	v	v'
8	20.30		
9	20.40		
10	20.43		
11	20.42		
12	20.41		
13	20.39		
14	20.39		
15	20.40		
$\bar{x} = \dfrac{\sum_{i=1}^{15} l_i}{n} =$			

八、重新计算剔除后数据的方差（10 分）

依据贝塞尔公式计算方差：

$$\hat{\sigma}'(X) = \sqrt{\dfrac{\sum_{i=1}^{n} v_i^2}{n-1}} =$$

九、根据 3σ 准则判断剔除后数据粗大误差并予以剔除（15 分）

十、若无粗大误差，计算任务给定的电信号频率测得值一组数据的数学期望（10 分）

任务测评

教师引导学生对任务进行分析和讨论，针对任务反映的问题，根据各组提出解决方法，做简短的点评或补充性、提高性的总结，并指导各组进行组内互评，最后完成总体评价。评价结果填入表 3-24、表 3-25 中。

表 3-24　组内互评表

任务名称						
小组名称						
评价标准		如任务实施所示，共 100 分				
序号	分值	组内互评（下行填写评价人姓名、学号）				平均分
1	10					
2	10					
3	10					
4	15					
5	10					
6	10					
7	10					
8	15					
9	10					
总分						

表 3-25　任务评价总表

任务名称						
小组名称						
评价标准		如任务实施所示，共 100 分				
序号	分值	自我评价（50%）			教师评价 思政评价 （50%）	单项总分
		自评	组内互评	平均分		
1	10					
2	10					
3	10					
4	15					
5	10					
6	10					
7	10					
8	15					
9	10					
总分						

润物无声

注重细节，踏实精进

"千里之行，始于足下；千里之堤，溃于蚁穴"，这句话启示我们注重细节，因为细节决定成败。注重细节不仅是一种习惯，更应该是一种精神。要想在工作中取得成功，关键在于"细"字。许多人想要成就大事，却忽略了事物的细节，这样就不能做好工作。每个人都应该注重细节，因为细节构成生活中的许多事物，而细节的竞争是最终的竞争层面。在实际工作中，培养注重细节的习惯非常重要，特别是在电子设备测量和设计调试方面，因为误差可能会对后续的设计产生重大影响。因此，要注意每一个细节，把细节当作一种精神，认真履行自己的职责，做好每一件属于自己简单的、平凡的工作。

项目总结

本项目主要介绍了信号发生器作用和基本组成、主要技术指标及其含义、信号发生器的原理和分析测量误差的方法等内容。通过本项目任务的操作，掌握根据工作任务的要求合理选择信号发生器的方法，熟练使用信号发生器和处理测试数据，通过分组合作培养质量意识、环保意识、安全意识、集体意识，以及团队合作精神。

思考与练习

（1）简述在电子测量中信号发生器的作用。

（2）如何按信号频段和信号波形对测量用信号发生器进行分类？

（3）低频信号发生器的主振级采用 RC 振荡器，为什么不采用 LC 振荡器？简述文氏桥振荡器的工作原理。

（4）XD-1 型信号发生器表头指示分别为 2 V 和 5 V，当输出旋钮分别指示表 3-26 所列各位置时，实际输出电压值为多大？将测得结果填入表 3-26 中。

表 3-26 输出电压值

电平位置/dB	0	10	20	30	40	50	60	70	80	90
表头指示 2 V										
表头指示 5 V										

（5）简述函数信号发生器的多波形生成原理，说明函数信号发生器的工作原理和过程。

项目四 选用示波器

项目引入

某电子产品制造公司在研发产品和检验产品性能时有测试产品电信号的参数和波形的需求。以示波器作为测试仪器是很好的选择,于是公司下达了要求测试人员使用示波器,性能指标为50 MHz以上带宽、±3% 精确度、2 mV/div 灵敏度、250 ms/div 扫描范围、±0.01% 准确度误差,进行产品测试的任务。公司的测试人员在接到任务后按照任务的要求,研究示波器性能指标和原理,合理选择示波器,研究示波器的使用方法,以满足这个测试需求。

该公司编制了项目设计任务书,具体见表4-1。

表4-1 项目设计任务书

项目四	选用示波器	课程名称	电子工艺综合实训
教学场所	电子工艺实训室	学时	8
项目要求	(1) 完成示波器的选择; (2) 完成示波器的电压测量、时间测量以及自动测量; (3) 完成示波器光标测量; (4) 完成测试示波器的触发功能和存储功能		
器材设备	计算机、电子元件、基本电子装配工具、测量仪器、多媒体教学系统		

学习目标

一、知识目标

(1) 能够阐述示波器原理;
(2) 能够阐释示波器相关指标;
(3) 能够阐述示波器基本使用步骤。

二、能力目标

（1）能够根据测试任务的要求选择示波器；
（2）能够使用示波器观察被测信号的波形；
（3）能够使用示波器测试功能进行电信号的参数和波形的测试；
（4）能够使用示波器存储功能进行被测电信号的参数和波形的存储和调取。

三、素质目标

（1）培养科学分析精神；
（2）培养团队协作、认真负责精神。

项目实施

任务1　选择示波器

任务解析

根据任务性能指标 50 MHz 以上带宽、±3% 精确度、2 mV/div 灵敏度、250 ms/div 扫描范围、±0.01% 准确度误差的要求，结合示波器的作用和分类、主要技术指标及其含义，通过网络查找符合要求的示波器，按照测试要求选择示波器。

知识链接

一、示波器简介

在对信号的测量中，人们通常希望能直观地看到电信号随时间变化的图形，如直接观察并测量一个正弦信号的波形、幅度、周期（频率）等基本参量，一个脉冲信号的前后沿、脉宽、上冲、下冲等参数。时域波形测量技术即电子示波器实现了人们的愿望，在示波器荧光屏上可用 X 轴代表时间，用 Y 轴代表函数关系 $f(t)$，就可描绘出被测信号随时间的变化关系。

示波器不但可将电信号作为时间的函数显示在屏幕上，更广义地说，示波器是一种能够反映任何两个参数互相关联的 X-Y 坐标图形的显示仪器。只要把两个有关系的变量转变为电参数，分别加至示波器的 X、Y 通道，就可以在荧光屏上显示这两个变量之间的关系，若以示波管中 X 方向的偏转代表频率，用 Y 方向的偏转代表各频率分量的幅值，就可以组成一台频率分析仪器，如频谱仪和逻辑分析仪（逻辑示波器）都可以看成广义示波器。

波形显示和测量技术在电子工程、电子技术应用、通信等领域应用十分广泛，它不仅成为电路分析、电参数测量、仪器设备调试的重要手段，而且在生产、科研、国防、医学、地质等领域，以及某些过程的显示和状态监测中也起到重要作用。例如，在电路分析中，用一台示波器可随时检测电路有关节点的信号波形是否正常，各相关波形的时间、相位和幅度等关系是否正确，波形失真、干扰强弱等情况；在医疗仪器中，心电图测量仪、超声波诊断仪等都用了波形的显示和测量技术，可将被检查的部位以波形或图像形象地显示出来，使得诊断更加准确和可靠。

其中很多设备实际上只是给示波器添加了或多或少的配件，在用示波器作为一个图示仪描绘图形这一点上都是一致的。因此，示波测量技术是一类重要的基本测量技术，也是一种最灵活、多用的技术。示波器是时域分析的最典型的仪器，也是当今电子测量领域中品种最多、数量最大、最常用的一类仪器。

1. 示波器的发展过程

示波器作为对信号波形进行直观观测和显示的电子仪器，其发展历程与整个电子技术的发展息息相关。首先，阴极射线管（CRT）的发明为示波器能够直观显示波形奠定了基础，它是1879年由英国W.克鲁克斯发现的，至今已有100多年历史。直到1934年，B.杜蒙发明了137型示波器，堪称现代示波器的雏形。随后，国外创立的许多仪器公司，成为示波器研究和生产的主要厂商，对示波器的研究和生产起了很大的推动作用。

示波器的发展过程大致经历了三个时期：

第一阶段：20世纪30~50年代的电子管时期，它是模拟示波器的诞生和实用化阶段。在这个阶段诞生了许多种类的示波器，如通用的模拟示波器、记忆示波器以及为观测高频周期信号的取样示波器，并已达到实用化。但由于当时的技术水平，示波器的带宽仍很有限，1958年时模拟示波器的最高带宽达到100 MHz。

第二阶段：20世纪60年代的晶体管时期，它是示波器技术水平不断提高的阶段。如模拟示波器带宽从100 MHz、150 MHz到300 MHz。

第三阶段：20世纪70年代以后的集成电路时期，它是模拟示波器技术指标进一步提高和数字化示波器诞生、发展阶段。随着器件技术的发展和工艺水平的提高，模拟示波器指标得到快速提升，从1971年的500 MHz到1979年的1 GHz，创造了模拟示波器的带宽高峰。

数字技术的发展和微处理器的问世，对示波器的发展产生了重大的影响。1974年诞生了带微处理器的示波器（智能数字示波器），当示波器装上微处理器后，使示波器具有数字处理和程序编制功能，可以很方便地分析被测信号、计算波形参数、变换计量单位、自动显示各种数字信息，既提高了测量精度，又扩展了使用功能。1983年，带宽为50 kHz的数字存储示波器问世，经过多年的努力，数字存储示波器的性能得到了很大的提高。现在，数字存储示波器无论在产品的技术水平还是在其性能指标上都优于或接近于模拟示波器，大有取代模拟示波器之势。数字存储示波器是示波器发展的一个主要方向。

2. 示波器分类

从示波器对信号的处理方式出发，可将示波器分为模拟、数字两大类。

示波器荧光屏上显示的波形，是反映被测信号幅值的Y方向的被测信号与代表时间t的X方向的锯齿波扫描电压共同作用的结果。被测信号经Y通道处理（衰减/放大等）后提供给CRT的Y偏转，锯齿波扫描电压通常是在被测信号的触发下，由X通道的扫描发生器产生后提供给CRT的X偏转。

模拟示波器的X、Y通道对时间信号的处理均由模拟电路完成，整个处理均采用模拟方式进行，即X通道提供连续的锯齿波电压，Y通道提供连续的被测信号，它们均为连续信号，而CRT屏幕上的图形显示也是光点连续运动的结果，即显示方式是模拟的。

数字示波器则对 X、Y 方向的信号进行数字化处理，即把 X 轴方向的时间离散化，Y 轴方向的幅度量化，获得被测信号波形。

(1) 模拟示波器

模拟示波器又可分为通用示波器、多束示波器、取样示波器、记忆示波器和专用示波器等。

通用示波器采用单束示波管，它根据能在荧光屏上显示出的信号数目，可分为单踪、双踪、多踪示波器。多束示波器又称多线示波器，它采用多束示波管，荧光屏上显示的每个波形都由单独的电子束扫描产生，能同时观测、比较两个以上的波形。

将要观测的信号经衰减、放大后送入示波器的垂直通道，同时用该信号驱动触发电路，产生触发信号送入水平通道，最后在示波器上显示出信号波形。这是最为经典而传统的一类示波器，因此，也通常称为通用示波器，其内部电路均为模拟电路。在 100 MHz 以下的示波器中，模拟示波器占多数，且具有较高的性价比。

取样示波器采用时域采样技术将高频周期信号转换为低频离散信号显示，从而可以用较低频率的示波器测量高频信号。由于信号的幅度尚未量化，这类示波器仍属模拟示波器。

记忆示波器采用有记忆功能的示波管，实现模拟信号的存储、记忆和反复显示，特别适宜观测单次瞬变信号。

专用示波器是能够满足特殊用途的示波器，又称特殊示波器，如矢量示波器、心电示波器、电视示波器、逻辑示波器等。

(2) 数字示波器

数字示波器将输入信号数字化（时域取样和幅度量化）后，经由 D/A 转换器再重建波形。

它具有记忆、存储被观测信号的功能，可以用来观测单次过程和非周期现象、低频和慢速信号。由于其具有存储信号的功能，又称数字存储示波器（digital storage oscilloscope，DSO）。根据取样方式不同，又可分为实时取样、随机取样和顺序取样三大类。由于模拟电路的带宽限制，100 MHz 以上的示波器中，以数字示波器为主。

二、示波器的主要技术指标

1. 频带宽度 BW 和上升时间 t_r

示波器的频带宽度 BW 一般指 Y 通道的频带宽度，即 Y 通道输入信号上、下限频率 f_H 和 f_L 之差：$BW = f_H - f_L$。一般下限频率 f_L 可达直流（0 Hz），因此，频带宽度也可以用上限频率 f_H 来表示。

上升时间 t_r 是一个与频带宽度 BW 相关的参数，它表示由于示波器 Y 通道的频带宽度的限制，当输入一个理想阶跃信号（上升时间为零）时，显示波形的上升沿的幅度从 10% 上升到 90% 所需的时间。它反映了示波器 Y 通道跟随输入信号快速变化的能力，Y 通道的频带宽度越宽，输入信号的高频分量衰减越少，显示波形越陡峭，上升时间就越短。

频带宽度 BW 与上升时间 t_r 的关系可近似表示为

$$t_r \approx \frac{0.35}{BW}$$

例如，对于带宽 100 MHz 的示波器，上升时间约为 3.5 ns。

以上是认为阶跃信号是理想的（$t_r = 0$），上升时间 t_r 只是由于示波器带宽有限引起的。在用示波器定量测试信号前沿时，如果被观测信号的实际上升时间为 t_R，示波器对理想阶跃信号产生的上升时间为 t_r。当这个条件得不到满足时，被测信号的实际上升时间可按下式求得

$$t_R = \sqrt{t_r'^2 - t_r^2}$$

式中，t_r' 为由示波器测得的信号上升时间。

2. 扫描速度

扫描速度是指荧光屏上单位时间内光点水平移动的距离，单位为 cm/s。荧光屏上为了便于读数，通常用间隔 1 cm 的坐标线作为刻度线，每 1 cm 称为 1 格（用 div 表示），因此扫描速度的单位也可表示为 div/s。

扫描速度的倒数称为时基因数。它表示单位距离代表的时间，单位为 μs/cm 或 ms/div。在示波器的面板上，通常按"1、2、5"的顺序分成很多挡，当选择较小的时基因数时，可将高频信号在水平方向上展开。此外，面板上还有时基因数的"微调"（当调到最尽头时，为"校准"位置）和"扩展"（×1 或 ×5 倍）旋钮，当需要进行定量测量时，应置于"校准"、"×1"的位置。

3. 偏转因数

偏转因数指在输入信号作用下，光点在荧光屏上的垂直（Y）方向移动 1 cm（即 1 div）所需的电压值，单位为 V/cm、mV/cm（或 V/div、mV/div）。示波器面板上，通常也按"1、2、5"的顺序分成很多挡，此外，还有"微调"（当调到最尽头时，为"校准"位置）旋钮。偏转因数表示了示波器 Y 通道的放大/衰减能力，偏转因数越小，表示示波器观测微弱信号的能力越强。

偏转因数的倒数称为（偏转）灵敏度，单位为 cm/V、cm/mV（或 div/V、div/mV）。对灵敏度在 μV 量级，主要用于观测微弱信号（如生物医学信号）的示波器称为高灵敏度示波器，但其带宽较窄，一般为 1 MHz。

4. 输入阻抗

当被测信号接入示波器时，输入阻抗 Z_i 形成被测信号的等效负载。当输入直流信号时，输入阻抗用输入电阻 R_i 表示，通常为 1 MΩ；当输入交流信号时，输入阻抗用输入电阻 R_i 和输入电容 C_i 的并联表示，C_i 一般在 33 pF 左右，当使用有源探头时，$R_i = 10$ MΩ，$C_i < 10$ pF。

5. 输入耦合方式

输入耦合方式一般有直流（DC）、交流（AC）和接地（GND）三种，可通过示波器面板选择。直流耦合即直接耦合，输入信号的所有成分都加到示波器上；交流耦合用于只需要观测输入信号的交流波形时，它将通过隔直电容去掉信号中的直流和低频分量（如低频干扰信号）；接地方式则断开输入信号，将 Y 通道输入直接接地，用于信号幅度测量时确定零电平位置。

6. 触发源选择方式

触发源是指用于提供产生扫描电压的同步信号来源，一般有内触发（INT）、外触发（EXT）、电源触发（LINE）三种。内触发即由被测信号产生同步触发信号；外触发由外部输入信号产生同步触发信号，通常该外部输入信号与被测信号具有某种时间同步关系；电源触发即利用 50 Hz 工频电源产生同步触发信号。

任务实施

本任务建议分组完成,每组 4~5 人(包括组长 1 人),组内成员分别独自完成知识链接相关知识的学习,组长根据成员的学习情况进行分工,各成员根据分工通过分头查阅资料,进行小组讨论,完成相应的工作。

一、学习相关知识,分解任务,进行小组分工

任务分工表见表 4-2,根据实际情况填写。

表 4-2 任务分工表

任务名称			
小组名称		组长	
小组成员	姓名	学号	
	姓名	学号	
	姓名	学号	
	姓名	学号	
	姓名	学号	
小组分工	姓名	完成任务	

二、分析应选择的示波器类型(30 分)

根据示波器的作用和原理的相关知识,列出示波器分几类,都是什么?(15 分)按照任务的要求,应该选择什么示波器?(15 分)

_____

_____

_____

三、技术指标的选择(30 分)

示波器包括哪些性能指标?(15 分)按照任务的要求,应该选择什么性能指标的示波器?(15 分)

_____

_____

_____

四、选择示波器（40分）

登录固纬电子（苏州）有限公司官网，查找 GDS-1000 数字存储示波器，了解该示波器的性能指标，是否满足项目的要求，填入表4-3中。

表4-3 选择的示波器性能指标核准表

序号	性能指标	性能指标要求	所选仪器性能指标	是否符合要求	分数
1					8
2					8
3					8
4					8
5					8

任务测评

教师引导学生对任务进行分析和讨论，针对任务反映的问题，根据各组提出解决方法，做简短的点评或补充性、提高性的总结，并指导各组进行组内互评，最后完成总体评价。将评价结果填入表4-4、表4-5中。

表4-4 组内互评表

任务名称					
小组名称					
评价标准		如任务实施所示，共100分			
序号	分值	组内互评（下行填写评价人姓名、学号）			平均分
1	30				
2	30				
3	40				
总分					

表4-5 任务评价总表

任务名称					
小组名称					
评价标准		如任务实施所示，共100分			
序号	分值	自我评价（50%）			教师评价（50%）	单项总分
		自评	组内互评	平均分		
1	40					
2	30					
3	30					
总分						

任务2　使用示波器进行基本操作

任务解析

以固纬公司生产的 GDS-1000 数字存储示波器为例，学会示波器的基本操作方法。通过示波器的使用学习，了解示波器的波形显示原理，熟练掌握使用示波器观测电信号的参数和波形方法。

知识链接

一、波形显示原理

通用示波器是示波器中应用最广泛的一种，它通常泛指采用单束示波管组成的示波器。通用示波器的工作原理是其他大多数类型示波器工作原理的基础，只要掌握了通用示波器的结构特性及使用方法，就可以较容易地掌握其他类型示波器的原理与应用。

1. 阴极射线示波管

目前示波器的显示器有阴极射线管（CRT）和液晶显示器（LCD）两大类，这里主要介绍 CRT 的结构和显示原理。CRT 主要由电子枪、偏转系统和荧光屏三部分组成，它们被密封在真空的玻璃管内，基本结构如图4-1所示。其工作原理是：由电子枪产生的高速电子束轰击荧光屏的相应部位产生荧光，而偏转系统则能使电子束产生偏转，从而改变荧光屏上光点的位置。

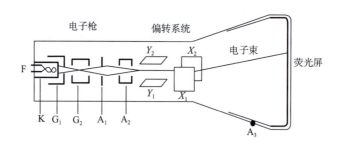

图 4-1　阴极射线管基本结构

（1）电子枪

电子枪的作用是发射电子并形成很细的高速电子束。它由灯丝 F、阴极 K、栅极 G_1 和 G_2 以及阳极 A_1 和 A_2 组成。当电流流过灯丝后对阴极加热（电能转换为热能），使涂有氧化物的阴极产生大量电子，并在后续电场作用下（电势能转换为动能）轰击荧光屏发光（动能转换为光能和热能）。

阴极和第一、第二阳极 A_1、A_2 之间为控制栅极 G_1、G_2，G_1 呈圆桶状，包围着阴极，只在面向荧光屏的方向开一个小孔，使电子束从小孔中穿过。栅极 G_1 电位比阴极 K 的电位低，对电子有排斥作用，通过调节 G_1 对 K 的负电位可控制电子束中电子的数目，从而调节光点的亮度。G_1 的电位越小，打在荧光屏上的电子束中电子的数目 N 越少，显示亮度越暗，反之，显示亮度越强。

当电子束离开栅极小孔时，电子互相排斥而发散，通过第一阳极 A_1 使电子汇集，通过第二阳极

A_2使电子加速。A_1和A_2的电位远高于K,它们与G_1形成聚焦和加速系统,对电子束进行聚焦并加速,使到达荧光屏的电子形成很细的一束并具有很高速度的电子流。G_2和A_2具有等电位,这样只要调节A_1的电位,即可调节G_2与A_1和A_2与A_1之间的电位,调节A_1电位的旋钮称为"聚焦"旋钮;调节A_2电位的旋钮称为"辅助聚焦"旋钮。

(2) 偏转系统

示波管的偏转系统由两对互相垂直的平行金属板组成,分别称为垂直(Y)偏转板和水平(X)偏转板,采用静电偏转原理,即偏转板在外加电压的作用下使电子枪发出的电子束产生偏转。X、Y偏转板的中心轴线与示波管中心轴线重合,分别独立地控制电子束在水平和垂直方向上的偏转。当偏转板上没有外加电压(或外加电压为零)时,电子束打向荧光屏的中心点;如果有外加电压,则偏转板之间形成电场,在偏转电压的作用下,电子束打向由X、Y偏转板共同决定的荧光屏上的某个位置。

通常,为了示波管有较高的测量灵敏度,Y偏转板置于靠近电子枪的部位,而X偏转板在Y的右边(见图4-1)。电子束在偏转电场作用下的偏转距离与外加电压成正比。

电子以v_0为初速度进入偏转板,根据物理学知识,电子经过偏转板后的运动轨迹将类似抛物线。偏转距离与偏转板上所加电压和偏转板结构等多个参数有关,其物理意义可解释如下:若外加电压越大,则偏转电场越强,偏转距离越大;若偏转板长度越长,偏转电场的作用距离就越长,因而偏转距离越大;若偏转板到荧光屏的距离越长,则电子在垂直方向上的速度作用下,使偏转距离越大;若偏转板间距越大,偏转电场将减弱,使偏转距离减小;若阳极A_2的电压越大,电子在轴线方向的速度越大,穿过偏转板到荧光屏的时间越短,因而偏转距离减小。

垂直偏转距离y可写为

$$y = S_y U_y$$

式中,比例系数S_y为示波管的Y轴偏转灵敏度(单位为cm/V);U_y为垂直偏转电压。

$D_y = 1/S_y$为示波管的Y轴偏转因数(单位为V/cm),它是示波管的重要参数。S_y越大,示波管Y轴偏转灵敏度越高。

如上式所示,垂直偏转距离与外加垂直偏转电压成正比,即$y \propto U_y$。同样,对水平偏转系统,亦有$x \propto U_x$。

据此,当偏转板上施加的是被测电压时,可用荧光屏上的偏转距离来表示该被测电压的大小。

为提高Y轴偏转灵敏度,可适当降低第二阳极电压,而在偏转板至荧光屏之间加一个后加速阳极A_3,使穿过偏转板的电子束在轴向(Z方向)得到较大的速度。这种系统称为先偏转后加速(post deflection acceleration,PDA)系统。后加速阳极上的电压可高达数千至上万伏,可比第二阳极高十倍左右,大大提高了偏转灵敏度。

(3) 荧光屏

荧光屏将电信号变为光信号,它是示波管的波形显示部分,通常制作成矩形平面(也有圆形平面的)。其内壁有一层荧光(磷)物质,面向电子枪的一侧还常覆盖一层极薄的透明铝膜,高速电子可以穿透这层铝膜轰击屏上的荧光物质而发光,即电子的动能转换为光能和相当一部分热能,透明铝膜的作用可吸收无用的热量,并可吸收荧光物质发出的二次电子和光束中的负离子,因此,不但可以保护荧光屏，而且可消除反光，使显示图像更清晰。

在使用示波器时，应避免电子束长时间停留在荧光屏的一个位置，否则将使荧光屏受损（不但会降低荧光物质的发光效率，并可能在屏上形成黑斑）。在示波器开启后不使用的时间内，可将"辉度"调暗。

当电子束停止轰击荧光屏时，光点仍能保持一定的时间，这种现象称为"余辉效应"。从电子束移去到光点亮度下降为原始值的10%所持续的时间称为余辉时间。余辉时间与荧光材料有关，一般将余辉时间小于10 μs的称为极短余辉，10 μs～1 ms的称为短余辉，1 ms～0.1 s的称为中余辉，0.1～1 s的称为长余辉，大于1 s的称为极长余辉。

正是由于荧光物质的"余辉效应"以及人眼的"视觉残留"效应，尽管电子束每一瞬间只能轰击荧光屏上一个发光点，但电子束在外加电压下连续改变荧光屏上的光点，就能看到光点在荧光屏上移动的轨迹，该发光点的轨迹即描绘了外加电压的波形。

为便于使用者观测波形，需要对电子束的偏转距离进行定度。为此，有的示波管内侧刻有垂直和水平的方格（一般每格1 cm，用div表示），或者在靠近示波管的外侧加一层有机玻璃，在有机玻璃上标出刻度，但读数时应注意尽量保持视线与荧光屏垂直，避免视差。

2. 波形显示的基本原理

在电子枪中，电子运动经过聚焦形成电子束，电子束通过垂直和水平偏转板打到荧光屏上产生亮点，亮点在荧光屏上垂直或水平方向偏转的距离，正比于加在垂直或水平偏转板上的电压，即亮点在屏幕上移动的轨迹是加到偏转板上的电压信号的波形。示波器显示图形或波形的原理是基于电子与电场之间的相互作用原理的。根据这个原理，示波器可显示随时间变化的信号波形和任意两个变量 X 和 Y 的关系图形。

（1）光点的运动与迹线

若 X 偏转板和 Y 偏转板上的电压均为零，光点处于屏幕正中心，如图4-2所示。

若仅在 Y 偏转板加上直流电压，光点将向上（电压为正极性时）或向下（电压为负极性时）偏移。电压越大，光点偏移的距离越大。由于 X 偏转板未加电压（即电压为零），光点在水平方向没有偏移，所以光点只会出现在屏幕的垂直中心线上，且静止不动，如图4-3所示。

图4-2　X 偏转板和 Y 偏转板上的电压均为零　　图4-3　仅在 Y 偏转板加上直流电压

若仅在 X 偏转板加上直流电压，屏幕上只有一个出现在水平中心线上的亮点。其位置由电压的极性和大小决定，如图4-4所示。

若在 X、Y 偏转板加上直流电压，屏幕上只有一个亮点。其位置由电压的极性和大小决定，如图4-5所示。

图 4-4　仅在 X 偏转板加上直流电压　　图 4-5　在 X、Y 偏转板加上直流电压

若在 Y 偏转板所加电压改为交流电压，则因电压的瞬时值随时间不断变化，将使光点在垂直方向上不断变化位置。此时屏幕上显示的是一个沿垂直中心线运动的光点。当电压频率高于数赫兹之后，光点的运动过程无法看清，而只能看到一条垂直亮线，如图 4-6 所示。

若在 X 偏转板所加电压改为交流电压，屏幕上显示的是一个沿水平中心线运动的光点。交流电压频率高于数赫兹之后，从屏幕上看到的是一条水平亮线，如图 4-7 所示。

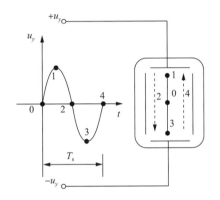 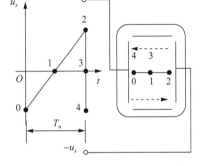

图 4-6　在 Y 偏转板所加电压改为交流电压　　图 4-7　在 X 偏转板所加电压改为交流电压

当 X 偏转板与 Y 偏转板均加上交流电压，由于两个电压的瞬时值都在变化，因而光点在水平和垂直两个方向的位置都将随之不断改变。显然，由于荧光屏的余辉特性，光点的运动将在屏幕上留下一条迹线，这就是两个电压之间的函数曲线图。

综上所述，在 X 偏转板和 Y 偏转板上所加电压都是直流电压时，荧光屏上显示的只是一个不动的光点。而光点的位置由 X 偏转板和 Y 偏转板上的电压大小与极性共同决定。

若一对偏转板加交流电压，另一对偏转板加直流电压，屏幕上显示的是一个沿垂直线或沿水平线运动的光点。一般情况下，从屏幕上看到的是一条垂直或水平亮线。

当两对偏转板所加均为交流电压时，荧光屏上出现的是一个可在整个屏幕上运动的光点。而在每一个瞬间，光点的位置是由 X 偏转板和 Y 偏转板上的瞬时电压大小与极性共同决定。显然，该光点运动的迹线，就是两个电压的瞬时值的函数曲线。

(2) 波形的展开——扫描

所谓波形图，是电信号的瞬时电压与时间的函数曲线图。这是一个在直角坐标系中画出的函数图形。其中，纵轴代表电压，横轴代表时间。显然，要用示波管显示波形，应该让荧光屏上光点垂直方向的位移正比于被测信号的瞬时电压，而光点水平方向的位移正比于时间。也就是说，应将被测的电信号 U_y 加在 Y 偏转板上。

但是，如前所述，仅将 U_y 加在 Y 偏转板上，屏幕上显示的只是一条垂直亮线，而不是波形。这好似将波形沿水平方向压缩成一条垂直线。要将此垂直线展开成波形，就必须在 X 偏转板加上正比于时间的电压。

在 X 偏转板上加锯齿波电压时，光点扫动的过程称为扫描。这个锯齿波电压称为扫描电压。这里对锯齿波电压的要求是：在锯齿波的正程期，其瞬时值 $U_x = at$（a 为常数）。

如果仅仅将锯齿波电压加在 X 偏转板（Y 偏转板上不加信号），那么屏上光点从左端沿水平方向匀速运动到右端，然后快速返回到左端，以后重复这个过程。此时，光点运动的迹线是一条水平线，常称为扫描线或时基线。因扫描线是一条直线，故称为直线扫描。由上可知，在锯齿波的正程期，锯齿波电压的瞬时值与时间成正比。屏上光点的水平位移 X，是正比于 X 偏转板所加电压 U_x 的。因此，当 U_x 为线性锯齿波电压时，屏上光点的水平位移将与时间成正比。

若将被测信号（比如正弦波）加在 Y 偏转板上，同时将线性锯齿波电压（扫描电压）加在 X 偏转板上，则在被测信号电压和扫描电压的共同作用下，屏上光点将从左到右描绘出一条迹线，如图 4-8 所示。

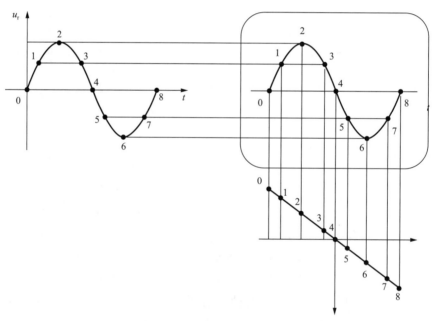

图 4-8　将被测信号加在 Y 偏转板上，同时将线性锯齿波电压（扫描电压）加在 X 偏转板上

由前面的分析可知，这条迹线上的每一点的垂直位移，均正比于被测电压的瞬时值；而迹线上的每一点的水平位移，均正比于时间。因此，这条迹线就是被测信号的波形。

至此可知，荧光屏上显示的波形，是一个运动的光点画出的一条迹线。而要得到代表波形的迹线，必须在 X 偏转板上加线性锯齿波电压。

光点自左向右的扫动称为扫描行程，光点自右端返回起点称为扫描回程。

在扫描电压作用的同时，将一定幅度的被测信号 $f(t) = U_m \sin \omega t$ 加到 Y 偏转板上，电子束就会在沿水平运动的同时，在 Y 方向按信号规律变化，任一瞬间光点的 X、Y 坐标分别由这一时刻的扫描电压和信号电压共同决定。扫描电压与信号电压同时作用到 X、Y 偏转板的情形如图 4-9 所示。

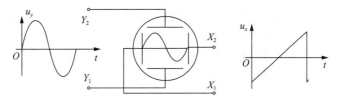

图 4-9　扫描电压与信号电压同时作用到 X、Y 偏转板

示波器两个偏转板上都加正弦电压时，显示的图形称为李萨育（Lisajous）图形，这种图形在相位和频率测量中常会用到。

若两正弦信号的初相相同，频率相同，且在 X、Y 方向的偏转距离相同，在荧光屏上画出一条与水平轴呈 45°的直线，如图 4-10 所示。

若两正弦信号的频率相同，初相相差 90°，且在 X、Y 方向的偏转距离相同，在荧光屏上画出的图形为圆，如图 4-11 所示。

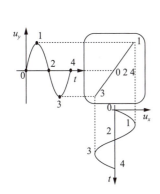

图 4-10　两正弦信号的初相相同，频率相同的李萨育图形

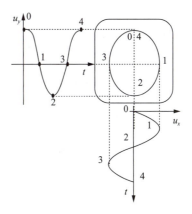

图 4-11　两正弦信号的初相相差 90°，频率相同的李萨育图形

示波器两个偏转板上都加正弦电压时显示李萨育图形示例表见表 4-6，表中 φ 表示相位，f_x、f_y 表示频率。

表 4-6　李萨育图形示例表

φ	0°	45°	90°	135°	180°
$\dfrac{f_y}{f_x}=1$	╱	⬭	○	⬭	╲
$\dfrac{f_y}{f_x}=\dfrac{2}{1}$	∞	⋈	⌒	⋈	∞
$\dfrac{f_y}{f_x}=\dfrac{3}{1}$	∿	∿∿∿	∿	∞∞	∿
$\dfrac{f_y}{f_x}=\dfrac{3}{2}$	⋈⋈	◉	⋈⋈	⋈	⋈⋈

(3) 波形的稳定——同步

当在示波管的 X 偏转板上加扫描电压后，经一次扫描，光点在荧光屏上绘出代表电信号波形的迹线。由荧光屏的特性可知，该迹线仅能短暂存留。若要想长时间看到这条迹线，必须让光点不断地重复描绘，且要求每次描绘的迹线，均能完全重合。

当扫描电压周期（T_x）是被观察信号周期（T_y）的整数倍时，即 $T_x = nT_y (n = 1, 2, \cdots)$，扫描的后一个周期描绘的波形与前一周期完全重合，荧光屏上得到稳定的波形，此时，扫描电压与信号同步。$T_x = 2T_y$ 时，荧光屏显示的波形情况如图 4-12 所示。$T_x = \frac{5}{4}T_y$ 时，荧光屏显示的波形情况如图 4-13 所示。

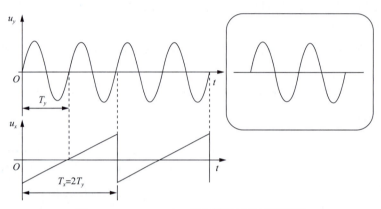

图 4-12　$T_x = 2T_y$ 时，荧光屏显示的波形情况

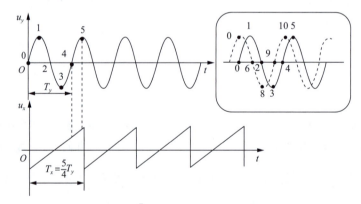

图 4-13　$T_x = \frac{5}{4}T_y$ 时，荧光屏显示的波形情况

当扫描电压周期（T_x）不等于被测信号周期（T_y）的整数倍时，扫描的后一个周期描绘的波形与前一周期不重合，荧光屏上看到的是一个移动的波形，此时，扫描电压与信号不同步。

一般地，如果扫描电压周期 T_x 与被测电压周期 T_y 保持 $T_x = nT_y$ 的关系，则扫描电压与被测电压"同步"。如果增加 T_x（扫描频率降低）或降低 T_y（信号频率增加）时，显示波形的周期数将增加。$T_x \neq nT_y$（n 为正数），即不满足同步关系时，则后一个扫描周期描绘的图形与前一扫描周期的图形不重合，显示的波形是不稳定的。

本任务建议分组完成，每组 4～5 人（包括组长 1 人），组内成员分别独自完成知识链接相关知

识的学习,组长根据成员的学习情况进行分工,各成员根据分工通过分头查阅资料,参加小组讨论,完成相应的工作。

一、学习相关知识,分解任务,进行小组分工

任务分工表见表 4-7,根据实际情况填写。

表 4-7 任务分工表

任务名称				
小组名称			组长	
小组成员	姓名		学号	
	姓名		学号	
	姓名		学号	
	姓名		学号	
	姓名		学号	
小组分工	姓名		完成任务	

二、熟悉 GDS-1000 数字存储示波器面板装置的名称、位置和作用(40 分)

GDS-1000 数字存储示波器前面板图如图 4-14 所示。前面板功能表见表 4-8。

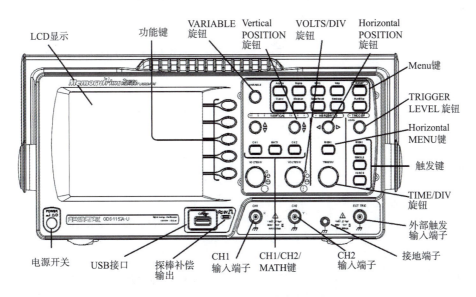

图 4-14 GDS-1000 数字存储示波器前面板图

表4-8 前面板功能表（20分）

名称	图标	功能
LCD 显示		TFT 彩色，320×234 分辨率，宽视角 LCD 显示
功能键：F1（顶）~F5（底）		打开 LCD 屏幕左侧的功能
VARIABLE 旋钮	VARIABLE	增大或减小数值，移至下一个或上一个参数
Acquire 键	Acquire	设置获取模式
Display 键	Display	设置屏幕显示
Cursor 键	Cursor	运行光标测量
Utility 键	Utility	设置 Hardcopy 功能，显示系统状态，选择菜单语言，运行自我校准，设置探棒补偿信号，以及选择 USB host 类型
Help 键	Help	显示帮助内容
Autoset 键	Autoset	根据输入信号自动进行水平、垂直以及触发设置
Measure 键	Measure	设置和运行自动测量
Save/Recall 键	Save/Recall	存储和调取图像，波形或面板设置
Hardcopy 键	Hardcopy	将图像、波形或面板设置存储至 USB
Run/Stop 键	Run/Stop	运行或停止触发

续上表

名称	图标	功能
TRIGGER LEVEL 旋钮	(TRIGGER LEVEL 旋钮图标)	设置触发位置
MENU 键	(MENU 键图标)	触发设置
SINGLE 键	(SINGLE 键图标)	选择单次触发模式
FORCE 键	(FORCE 键图标)	无论此时触发条件如何,获取一次输入信号
Horizontal MENU 键	(MENU 键图标)	设置水平视图
Horizontal POSITION 旋钮	(Horizontal POSITION 旋钮图标)	水平移动波形
TIME/DIV 旋钮	(TIME/DIV 旋钮图标)	选择水平挡位
Vertical POSITION 旋钮	(Vertical POSITION 旋钮图标)	垂直移动波形
CH1/CH2 键	(CH 1 键图标)	设置垂直挡位和耦合模式
VOLTS/DIV 旋钮	(VOLTS/DIV 旋钮图标)	选择垂直挡位
CH1 输入端子	(CH1 输入端子图标)	接收输入信号:1 × (1 ± 2%) MΩ 输入阻抗,BNC 端子

续上表

名称	图标	功能
接地端子		连接 DUT 接地导线，常见接地
MATH 键	MATH	完成数学运算
USB 接口		用于传输波形数据、屏幕图像和面板设置
探棒补偿输出	≈2V	输出 2Vpp 方波信号，用于补偿探棒或演示
外部触发输入	EXT TRIG	接收外部触发信号
电源开关	POWER	打开或关闭示波器

GDS-1000 数字存储示波器后面板图如图 4-15 所示，后面板功能表见表 4-9。

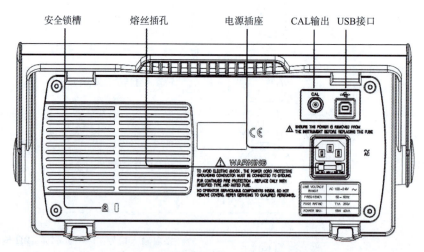

图 4-15　GDS-1000 数字存储示波器后面板图

表 4-9　后面板功能表（10 分）

名称	图标	功能
电源插座 熔丝插孔		电源插座接收 100~240 V，50 Hz/60 Hz 的 AC 电源。AC 电源熔丝型号为 T1A/250V
USB 接口		连接 B 类（slave）公头 USB 接口，用于示波器的远程控制
CAL 输出		输出校准信号，用于精确校准垂直挡位
安全锁槽		标准的手提计算机安全锁槽

GDS-1000 数字存储示波器显示面板图如图 4-16 所示，显示面板功能表见表 4-10。

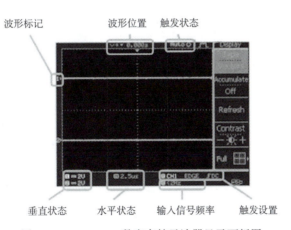

图 4-16　GDS-1000 数字存储示波器显示面板图

表 4-10　显示面板功能表（10 分）

名称	功能
波形标记	Channel 1：黄色；Channel 2：蓝色
波形位置	显示波形的具体位置信息
触发状态	Trig'd：正在触发； Trig?：等待触发条件； Auto：无论触发条件如何，更新输入信号； STOP：停止触发

续上表

名称	功能
输入信号频率	实时更新输入信号频率（触发源信号）。"＜2 Hz"说明信号频率小于低频限制（2 Hz），不准确
触发设置	显示触发源、类型和斜率。如果为视频触发，显示触发源和极性
水平状态 垂直状态	显示通道设置：耦合模式、垂直挡位和水平挡位

三、设置示波器（20分）

介绍如何正确设置示波器，包括调整手柄、连接信号、调整挡位和补偿探棒。在新环境下操作示波器之前，请完成这些内容，以保证示波器功能稳定。示波器设置步骤见表4-11所示。

表4-11 示波器设置步骤

步骤	图示或操作
（1）稍稍向外拉一下手柄两侧	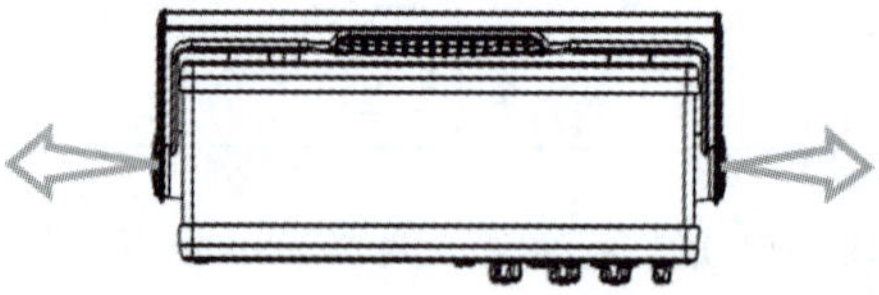
（2）三个预设位置，将手柄旋转至其中一个	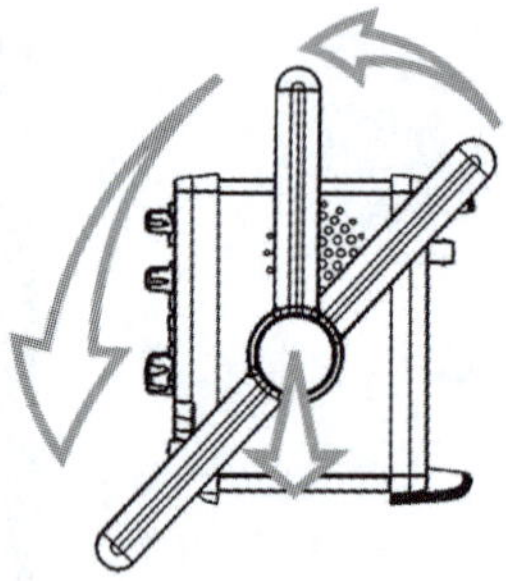
（3）连接电源线	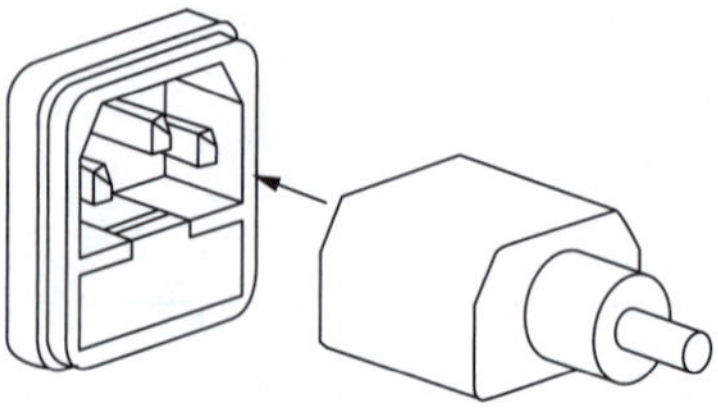
（4）按电源开关。10 s内显示器启动	

续上表

步骤	图示或操作
（5）通过调取出厂设置重设系统。按 Save/Recall 键，选择 Default Setup	Save/Recall → Default Setup
（6）将探棒与 Channel 1 的输入端和探棒补偿信号输出端（2Vpp，1 kHz 方波）相连	≈2V, CH1, ×1 ×10
（7）设置探棒衰减电压 ×10	
（8）按 Autoset 键。方波显示在屏幕的中心位置	Autoset
（9）按 Display 键，选择 Type 矢量波形类型	Display → Type Vectors
（10）示波器设置完成。可以继续其他操作	

四、基本测量功能（40 分）

捕获和观察输入信号时必要的基本操作。

1. 激活通道（10 分）

激活通道步骤见表 4-12。

表 4-12　激活通道步骤

步骤	操作
（1）激活通道	按 CH1 或 CH2 激活输入通道。通道指示灯显示在屏幕左侧，通道指示符也相应改变
（2）关闭通道	按两次 Channel 键（如果通道处于激活状态，仅按一次）关闭通道

2. 使用自动设置（10 分）

Autoset 功能将输入信号自动调整到面板最佳视野处。

Autoset 设置可分为两种模式：AC 优先模式和适应屏幕模式。

AC 优先模式去除所有 DC 成分，将波形成比例显示在屏幕上。

适应屏幕模式将波形以最佳尺度显示在屏幕上，包括所有 DC 成分（偏移）。

自动设置步骤见表 4-13。

表 4-13　自动设置步骤

步骤	图示或操作
(1) 将输入信号连入示波器，按 Autoset 键	Autoset
(2) 波形显示在屏幕中心位置	

自动设置（Autoset）功能在以下情况不适用：输入信号频率小于 2 Hz、输入信号幅值小于 30 mV。

3. 改变水平位置和挡位（10 分）

改变水平位置和挡位步骤见表 4-14。

表 4-14　改变水平位置和挡位步骤

步骤	旋转操作	图示
(1) 设置水平位置	Horizontal POSITION 旋钮向左或向右移动波形。位置指示符随波形移动，距中心点的偏移距离显示在屏幕上方	
(2) 选择水平挡位	旋转 TIME/DIV 旋钮改变时基（挡位）；左（慢）或右（快）。 范围：1 ns/div ~ 10 s/div, 1-2.5-5 步进	TIME/DIV

4. 改变垂直位置和挡位（10 分）

改变垂直位置和挡位步骤见表 4-15。

表 4-15　改变垂直位置和挡位步骤

步骤	操作	图示
(1) 设置垂直位置	旋转各通道的 Vertical POSITION 旋钮可以上/下移动波形。波形移动时，光标的垂直位置显示在屏幕左下角	
(2) 选择垂直挡位	旋转 VOLTS/DIV 旋钮改变垂直挡位；左（下）或右（上）范围：2 mV/div ~ 10 V/div, 1-2-5 步进。屏幕左下角的各通道垂直挡位指示符也相应改变	VOLTS/DIV

任务测评

教师引导学生对任务进行分析和讨论，针对任务反映的问题，根据各组提出解决方法，做简短

项目四 选用示波器 137

的点评或补充性、提高性的总结，并指导各组进行组内互评，最后完成总体评价。将评价结果填入表 4-16、表 4-17 中。

表 4-16 组内互评表

任务名称					
小组名称					
评价标准		如任务实施所示，共 100 分			
序号	分值	组内互评（下行填写评价人姓名、学号）			平均分
1	40				
2	20				
3	40				
总分					

表 4-17 任务评价总表

任务名称					
小组名称					
评价标准		如任务实施所示，共 100 分			
序号	分值	自我评价（50%）			教师评价 思政评价（50%）	单项总分
		自评	组内互评	平均分		
1	40					
2	20					
3	40					
总分						

任务 3 使用示波器进行测试

任务解析

示波器都具有基本的测量功能，可以帮助用户进行快速的自动测试，如基本的幅值、频率、周期等参数。本任务以固纬公司生产的 GDS-1000 数字存储示波器为例，完成示波器的操作测试。通过操作测试，理解示波器基本组成原理和多波形显示原理，并进一步利用示波器快速测量电信号的参数和波形。

知识链接

一、通用示波器的组成

通用示波器由垂直系统、水平系统、校准信号及电源组成，如图 4-17 所示。垂直系统由衰减器、前置放大器、门电路、电子开关及混合放大、延迟线、输出放大等电路组成。水平系统由时基发生器、触发电路、X 轴输出放大三部分组成。

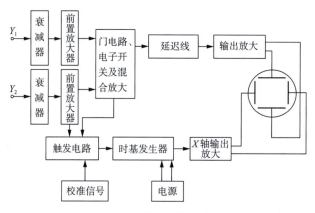

图 4-17　通用示波器组成框图

1. 垂直系统

（1）衰减器

因为示波管的偏转灵敏度是基本固定的，为扩大可观测信号的幅度范围，Y 通道要设置衰减器，它可使示波器的偏转灵敏度 D_y 在很大范围内调节。对衰减器的要求是输入阻抗高，同时在示波器的整个通频带内衰减的分压比均匀不变。要达到这个要求，仅用简单的电阻分压是达不到目的的。因为在下一级的输入及引线都存在分布电容，这个分布电容的存在，对于被测信号高频分量有严重的衰减，造成信号的高频分量的失真（脉冲上升时间变慢）。为此，必须采用图 4-18 所示的阻容补偿分压器。

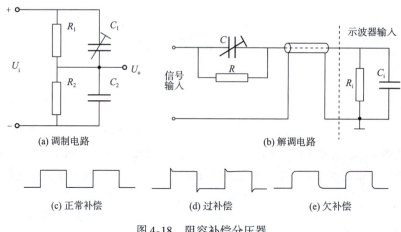

图 4-18　阻容补偿分压器

(2) 延迟线

在触发扫描状态，只有当被观察的信号到来时扫描发生器才工作，也就是说开始扫描需要一定的电平，因此扫描开始时间总是滞后于被测脉冲起点。其结果，脉冲信号的上升过程就无法完整地显示出来。延迟线的作用就是把加到垂直偏转板的脉冲信号也延迟一段时间，使信号出现的时间滞后于扫描开始时间，这样就能够保证在屏幕上可以观察到包括上升时间在内的脉冲全过程。

对延迟线的要求是，它只起延迟时间的作用，而脉冲通过它时不能产生失真。目前延迟线有分布参数和集中参数两种，前者可采用螺旋平衡式延迟电缆。延迟线的延迟时间通常在 50~200 ns 之间。

(3) Y 前置放大器

被测信号经探头检测引入示波器后，微弱的信号必须通过放大器放大后加到示波器的垂直偏转板，使电子束有足够大的偏转能量。Y 前置放大器具有以下特点：

① 具有稳定的放大倍数。

② 具有足够的带宽。

③ 具有较大的输入电阻和较小的输入电容，大多数示波器的输入电阻在 1 MΩ 左右，输入电容约为几十皮法。

④ 输出级常采用差分电路，以使加在偏转板上的电压能够对称。差分电路还有利于提高共模抑制比，若在差分电路的输入端设置不同的直流电位，差分输出电路的两个输出端直流电位亦会改变，进而影响 Y 偏转板上的相对直流电位和波形在 Y 方向的位置。这种调节直流电位的旋钮称为"Y 轴位移"旋钮。

⑤ Y 前置放大器通常设置"倍率"开关，通过改变负反馈，使放大器的放大倍数扩大 5 倍或 10 倍，以利于观测微弱信号或看清波形某个局部的细节。

⑥ 设置增益调整旋钮，可使放大器增益连续改变。此旋钮右旋到极限位置时，示波器灵敏度为"校准"状态。此时，可用面板上的灵敏度标注值读测信号幅度。

2. 水平系统

(1) 时基发生器

时基发生器由扫描门、积分器、比较和释抑电路组成。时基发生器电路如图 4-19 所示。

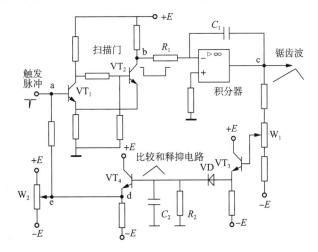

图 4-19　时基发生器电路

(2) 触发电路

触发电路用来产生扫描门需要的触发脉冲，触发脉冲的幅度和波形均应达到一定的要求。触发电路及其在面板上的对应开关如图 4-20 所示。

在触发电路中，由比较整形电路把触发信号加以整形，产生达到一定要求的触发脉冲。

触发电路常采用双端输入的差分电路，其中一个输入端接被测信号，另一个输入端接一个可调的直流电压，在比较点电路状态发生突变形成比较方波，此方波经微分整形电路产生触发脉冲送扫描门电路，由负脉冲触发扫描。

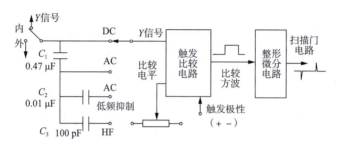

图 4-20　触发电路及其在面板上的对应开关

① 触发极性与触发电平控制：

触发极性为"＋"时，比较方波下降沿对应 Y 信号的上升过程，由于下降沿对应的负脉冲启动扫描，所以扫描起点也就对应了信号的上升过程。此时调整"电平"电位器，可以改变比较点，将扫描起点调整到一个确定的相位上。

触发极性为"－"时，比较方波下降沿对应 Y 信号的下降过程，扫描起点也就对应了信号的下降过程。此时调整"电平"电位器，可将扫描起点调整到一个确定的相位上。对应波形如图 4-21 所示。

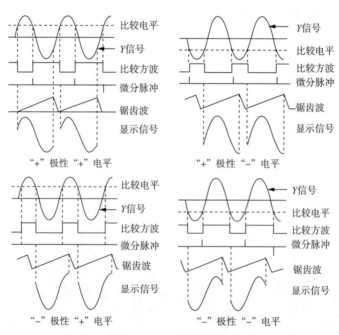

图 4-21　触发电路波形

② 耦合方式控制。耦合方式开关为触发信号提供了不同的接入方式。若触发信号中含有直流或缓慢变化的交流分量，应用直流耦合（DC）方式；若用交流信号触发，则置交流耦合（AC）方式，这时使用电容器起隔直流作用；AC 低频抑制方式利用串联后的电容器，抑制信号中大约 2 kHz 以下的低频成分，主要目的是滤除信号中的低频干扰；HF 是高频耦合方式，电容器串联后只允许通过频率很高的信号，这种方式常用来观测 5 MHz 以上的高频信号。

（3）X 放大器

与 Y 放大器类似，X 放大器也是一个双端输入双端输出的差分放大器，改变 X 放大器的增益可以使光迹在水平方向得到若干倍扩展，或对扫描速度进行微调，以校准扫描速度。改变 X 放大器有关的直流电位也可使光迹产生水平位移。

二、示波器的多波形显示

在电子测量中，常常需要同时观测几个信号，并对这些信号进行测量和比较，实现的方法有多线示波和多踪示波。多踪示波器的组成与普通的示波器类似，是在单线示波器的基础上增加了电子开关而形成的，电子开关按分时复用的原理，分别把多个垂直通道的信号轮流接到 Y 偏转板上，最终实现多个波形的同时显示。多踪示波器实现简单，成本也低，因而得到了广泛应用。双踪示波器组成及波形图如图 4-22 所示。

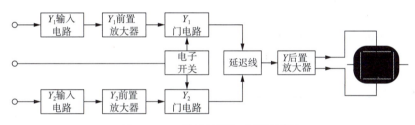

图 4-22　双踪示波器组成及波形图

两个被测的信号是同时但分别加到两个前置放大器。因此，只要 Y_1、Y_2 两个信号已接入示波器的输入，则在 Y_1、Y_2 两门的输入端就始终存在 Y_1、Y_2 两个信号。而在示波管屏幕上是否显示该波形，取决于两门的开关状态。根据两个门的开关状态，示波器可有以下三种工作方式：

（1）只有一个门开

如 Y_1 门开 Y_2 门关，或 Y_2 门开 Y_1 门关。此时与单踪示波器无异，只显示一个信号波形（如 Y_1 门开只显示 Y_1 信号；如 Y_2 门开只显示 Y_2 信号）。

（2）两个门全开

此时由于 Y_1、Y_2 两个信号都被送到 Y 偏转板，因此显示的是两个信号的线性叠加波形。

（3）两个门轮流开关

此时 Y_1、Y_2 两门按一定转换频率轮流开关，因而 Y_1、Y_2 两个信号将按时段显示出来，形成双踪显示。

在以上第三种工作方式时，电子开关将输出两个反相的开关信号，分别送至 Y_1 门与 Y_2 门，这将使两个门始终处于一个门开，另一个门关的状态。当两个开关信号的转换门受控制信号（即扫描闸门的输出信号）控制时，称为交替显示。

由图 4-23 可以看出，交替显示是在相邻的两个扫描期，分别地描绘 Y_1、Y_2 信号。显然，在第

1,3,…,各次扫描时,光点描绘 Y_1 信号波形;而在第 2,4,…,各次扫描时,光点描绘 Y_2 信号波形。若将两波形垂直位置分开(可分别调节两个通道的垂直移位),显示如图 4-23 所示。

虽然光点并没有同时描绘 Y_1、Y_2 两个波形,但是每个波形都被重复描绘,只要信号频率足够高(数百赫兹以上),由于荧光屏的余辉作用,从屏幕上看到的波形是同时显示的。

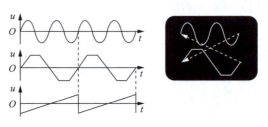

图 4-23 双踪示波器显示波形示意图

任务实施

本任务建议分组完成,每组 4~5 人(包括组长 1 人),组内成员分别独自完成知识链接相关知识的学习,组长根据成员的学习情况进行分工,各成员根据分工通过分头查阅资料,进行小组讨论,完成相应的工作。

一、学习相关知识,分解任务,进行小组分工

任务分工表见表 4-18,根据实际情况填写。

表 4-18 任务分工表

任务名称			
小组名称		组长	
小组成员	姓名	学号	
	姓名	学号	
	姓名	学号	
	姓名	学号	
	姓名	学号	
小组分工	姓名	完成任务	

二、示波器测试功能的使用方法

1. 自动测量(50 分)

自动测量功能测量输入信号的属性,并将结果显示在屏幕上。最多同时更新五组自动测量项目。

如有必要，所有自动测量类型都可以显示在屏幕上。

(1) 测量项目 (25 分)

测量项目见表 4-19。

表 4-19 测量项目

测量类别	测量项目	图示
电压测量项	V_{pp} 正向与负向峰值电压之差（$=V_{max}-V_{min}$）	
	V_{max} 正向峰值电压	
	V_{min} 负向峰值电压	
	V_{amp} 整体最高与最低电压之差（$=V_{hi}-V_{lo}$）	
	V_{hi} 整体最高电压	
	V_{lo} 整体最低电压	
时间测量项	Freq 波形频率	
	Period 波形周期（$=1/$Freq）	
	Risetime 脉冲上升时间（~90%）	
	Falltime 脉冲下降时间（~10%）	
	+Width 正向脉冲宽度	
	-Width 负向脉冲宽度	
	Duty Cycle 信号脉宽与整个周期的比值 $=100x$（Pulse Width/Cycle）。其中，x 是代表占空比具体数值的变量，取值介于 0 和 1 之间	

(2) 自动测量操作步骤 (25 分)

自动测量步骤见表 4-20。

表 4-20　自动测量步骤

步骤	图示
（1）按 Measure 键	
（2）右侧菜单栏显示并持续更新测量结果。共可以指定五组测量项（F1～F5）	
（3）按相应菜单键（F1～F5）选择需要编辑的测量项	
（4）显示编辑菜单	
（5）使用 VARIABLE 旋钮选择其他的测量项	
（6）重复按 Source 1 键，选择 CH1、CH2 或 MATH 作为信号发生器	
（7）重复按 Source 2 键，改变 Source 2 的通道	

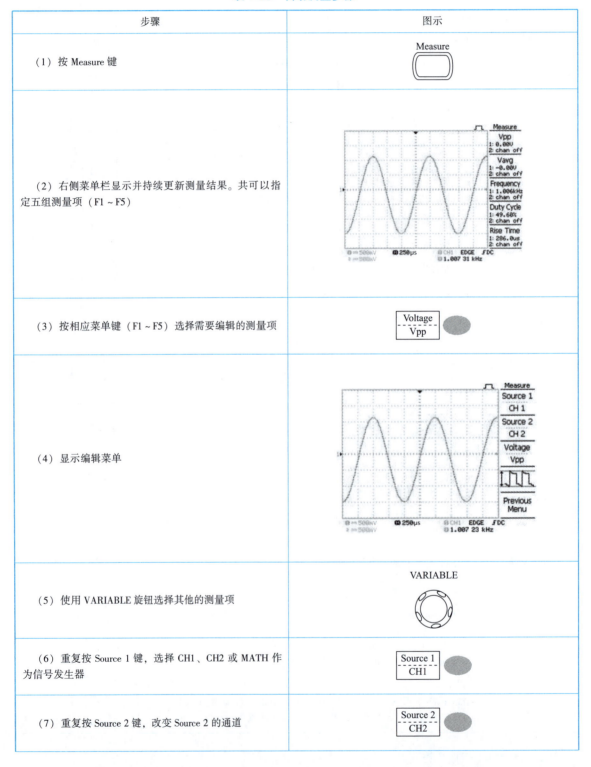

续上表

步骤	图示
（8）按 F3 查看全部测量项	Voltage Vpp
（9）所有测量项显示在屏幕中心位置	Select Measurement 菜单（Voltage: Vpp, Vmax, Vmin, Vamp, Vhi, Vlo, Vavg, Vrms, ROVShoot, FOVShoot, RPREShoot, FPREShoot；Time: Frequency, Period, RiseTime, FallTime, +Width, -Width, DutyCycle；Delay: DelayFRR, DelayFRF, DelayFFR, DelayFFF, DelayLRR, DelayLRF, DelayLFR, DelayLFF）
（10）再按 F3 返回	
（11）按 Previous Menu 确认选项，并返回测量结果	Previous Menu

2. 光标测量（50 分）

水平或垂直光标线显示输入波形或数学运算结果的精确位置。水平光标显示时间、电压和频率，垂直光标显示电压。所有测量实时更新。

（1）使用水平光标（25 分）

水平光标测量步骤见表 4-21。

表 4-21　水平光标测量步骤

步骤	图示
（1）按 Cursor 键。屏幕显示光标线	Cursor
（2）按 X↔Y 选择水平（X1&X2）光标	X↔Y
（3）重复按 Source 选择信号发生器通道范围 CH1、CH2、MATH	Source CH1
（4）光标测量结果显示在菜单上	
（5）按 X1，使用 VARIABLE 旋钮移动左光标	X1 -5.000 uS 0.000 uV

续上表

步骤	图示
（6）按 X2，使用 VARIABLE 旋钮移动右光标	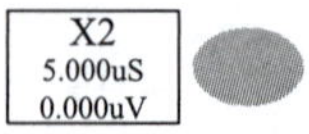 X2 5.000uS 0.000uV
（7）按 X1X2，使用 VARIABLE 旋钮同时移动两边光标	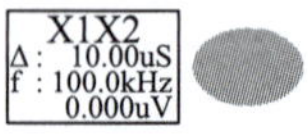 X1X2 △：10.00uS f：100.0kHz 0.000uV
（8）按 Cursor 消除屏幕上的光标	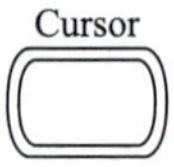 Cursor

（2）使用垂直光标（25 分）

垂直光标测量步骤见表 4-22。

表 4-22　垂直光标测量步骤

步骤	图示
（1）按 Cursor 键	 Cursor
（2）按 X↔Y 选择垂直（Y1&Y2）光标	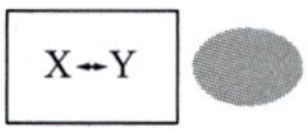 X↔Y
（3）重复按 Source 选择信号发生器通道范围 CH1、CH2、MATH	 Source CH1
（4）光标测量结果显示在菜单上	
（5）按 Y1，使用 VARIABLE 旋钮移动上光标	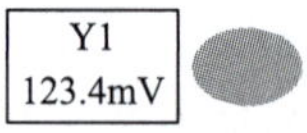 Y1 123.4mV
（6）按 Y2，使用 VARIABLE 旋钮移动下光标	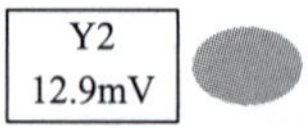 Y2 12.9mV
（7）按 Y1Y2，使用 VARIABLE 旋钮同时移动上下光标	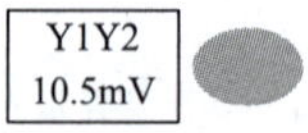 Y1Y2 10.5mV
（8）按 Cursor 键消除屏幕上的光标	 Cursor

任务测评

教师引导学生对任务进行分析和讨论，针对任务反映的问题，根据各组提出解决方法，做简短的点评或补充性、提高性的总结，并指导各组进行组内互评，最后完成总体评价。评价结果填入表 4-23、表 4-24 中。

表 4-23　组内互评表

任务名称					
小组名称					
评价标准		如任务实施所示，共100分			
序号	分值	组内互评（下行填写评价人姓名、学号）			平均分
1	50				
2	50				
总分					

表 4-24　任务评价总表

任务名称					
小组名称					
评价标准		如任务实施所示，共100分			
序号	分值	自我评价（50%）			教师评价 思政评价（50%）	单项总分
		自评	组内互评	平均分		
1	50					
2	50					
总分						

任务 4　使用示波器触发、X-Y 模式和存储功能

任务解析

示波器除基本的测量功能，还具有触发、X-Y 模式和存储功能，通过这些功能可以帮助用户进行波形的抓取、频率和相位测试、测试结果的存储。本任务以固纬公司生产的 GDS-1000 数字存储示波器为例，完成示波器触发、X-Y 模式和存储操作，并进一步使用示波器测量和存储电信号的参数和波形。

知识链接

一、触发扫描

示波器中，在不加被测信号的情况下，扫描电路亦可独立地产生周期性的锯齿波扫描电压。这种扫描方式称为连续扫描。连续扫描时，产生扫描电压的扫描发生器，处于自激振荡状态，因而始

终有周期性的锯齿波产生。由于始终有锯齿波加到 X 偏转板，因此，连续扫描的重要特征是，不加被测信号时，仍有扫描线显示。

采用连续扫描方式观察正弦波时，可将被测信号作为触发信号去控制扫描电压。从而可保证 $T_n = nT_s$。此时，通过改变扫描电压的频率（即改变 T_n），容易实现在屏幕上显示一个（或多个）周期的正弦波。这时显示的波形是清晰、稳定的，想要观察波形的细节不存在问题。

当观测占空比（τ/T_s）很小的脉冲信号时，使用连续扫描就不能正常观测信号。占空比（τ/T_s）很小的脉冲信号如图 4-24 所示。

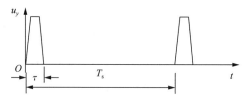

图 4-24　占空比（τ/T_s）很小的脉冲信号

若选择扫描周期等于信号周期（$T_n = T_s$），脉冲信号被按比例压缩到屏幕左端，无法观测脉冲波形的细节（上升时间、下降时间、脉冲宽度等）。扫描周期等于信号周期（$T_n = T_s$）示意图如图 4-25 所示。

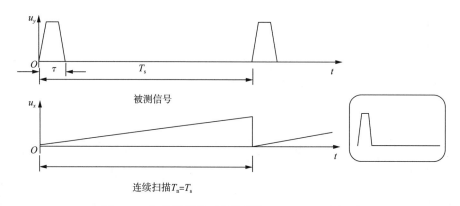

图 4-25　扫描周期等于信号周期（$T_n = T_s$）示意图

若选择扫描周期等于脉冲宽度（$T_n = \tau$），在一个脉冲周期内，光点在水平方向进行多次扫描，其中只有一次是扫描脉冲信号，其他多次扫描只在水平基线上往返运动，结果在屏幕上显示的脉冲波形本身非常暗淡，而时间基线却很明亮，无法正常观测。扫描周期等于脉冲宽度（$T_n = \tau$）示意图如图 4-26 所示。

利用触发扫描可解决上述脉冲示波器测量的困难。触发扫描的特点是，只有在被测脉冲到来时才形成一次扫描，如图 4-27 所示。

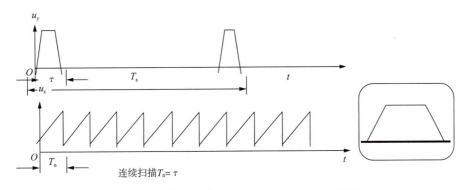

图 4-26 扫描周期等于脉冲宽度（$T_n = \tau$）示意图

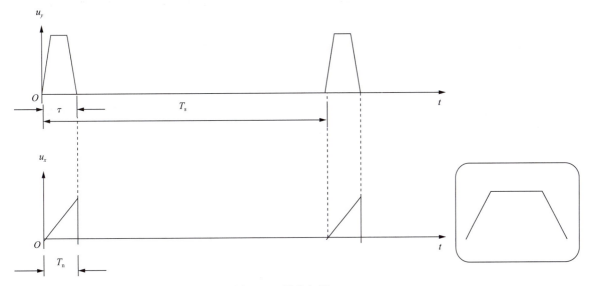

图 4-27 触发扫描 $T_n = \tau$

二、数字存储示波器

数字存储示波器先将输入信号进行 A/D 转换，将模拟波形变成离散的数字信息，存储在存储器中，需要显示时，再从存储器中读出，通过 D/A 转换器，将数字信息变换成模拟波形显示在示波管上。

1. 数字存储示波器的工作原理

数字存储示波器的组成框图如图 4-28 所示。输入的被测信号通过 A/D 转换器变成数字信号，由地址计数脉冲选通存储器的存储地址，将该数字信号存入存储器，存储器中的信息每 256 个单元组成一页，当显示信息时，给出页面地址，地址计数器则从该页面的 0 号单元开始，读出数字信息，送到 D/A 转换器，变换成模拟信号送往垂直放大器进行显示，同时，地址信号经过 X 方向 D/A 转换器，送入水平放大器，以控制 Y 信号显示的水平位置。

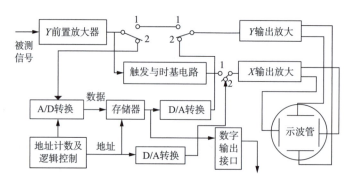

图 4-28 数字存储示波器的组成框图

数字存储示波器的工作波形图如图 4-29 所示。当被测信号接入时,首先对模拟量进行取样,图 4-29(a)中的 $a_0 \sim a_7$ 点即对应于被测信号 U_y 的 8 个取样点,这种取样是"实时取样",是对一个周期内信号不同点的取样,8 个取样点得到的数字量分别存储于地址为 00 开始的 8 个存储单元中,地址号为 00H~07H,其存储的内容为 $D_0 \sim D_7$,在显示时,取出 $D_0 \sim D_7$ 数据,进行 D/A 转换,同时存储单元地址号从 00H~07H 也经过 D/A 转换,形成图 4-29(d) 所示阶梯波,加到水平系统,控制扫描电压,这样就将被测波形 U_y 重现于荧光屏上,如图 4-29(e) 所示,只要 X 方向和 Y 方向的量化程度足够精细,图 4-29(e) 所示波形就能够准确地代表图 4-29(a) 所示波形。

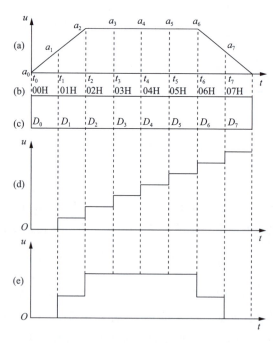

图 4-29 数字存储示波器工作波形图

2. 数字存储示波器的特点

与模拟存储示波器(记忆示波器)相比,数字存储示波器具有以下优点:

(1) 可以永久存储信息,可以反复读出数据,反复在荧光屏上再现波形信息,迹线既不会衰减也不会模糊。

（2）由于信息是在存储器中存储，而不是记忆在示波器的栅网上，所以它是动态的而不是静态的，即更新存储器内容，就改变所存储的波形。在完成了波形的记录、显示、分析之后，即可更新存储器内容。

（3）既能观测触发后的信息，也能观测触发前的信息。因为用户可根据需要调用存储器中信息进行显示，所以，数字存储示波器的触发点只是一个参考点，而不是获取的第一个数据点。因而它可以用来检修故障，记录故障发生前后的情况。

（4）随着数字电路及大规模集成电路技术的发展，数字存储示波器的功能越来越多，价格越来越低，加之，其体积小、质量小，所以，使用越来越普及。

数字存储示波器的迅猛发展与新的数据采样技术的发展密切相关，实时采样技术和非实时采样技术以及 CCD（电荷耦合器件）技术的运用，使变换速率大大提高。例如美国 Tek 公司的 2430 型数字存储示波器，采用"实时取样"和"顺序取样"相结合的办法，可达到 150 MHz 的带宽。HP 公司的 5410 型示波器采用"随机取样"技术，使有效带宽达到 1 GHz。Philips 公司的 PM3311 型示波器可存储 30 MHz 的单次瞬变信号。

3. 数字存储示波器的主要技术指标

数字存储示波器中与波形显示部分有关的技术指标与模拟示波器相似，下面仅讨论与波形存储部分有关的主要技术指标。

（1）最高取样速率

最高取样速率指单位时间内取样的次数，又称数字化速率，用每秒完成的 A/D 转换的最高次数来衡量，常以频率 f_s 来表示。取样速率越高，反映仪器捕捉高频或快速信号的能力越强。取样速率主要由 A/D 转换速率来决定。

数字存储示波器在测量时刻的实时取样速率可根据测量时所设定的扫描因数（即扫描一格所用的时间）来计算。其计算公式为

$$f_s = \frac{N}{t/\text{div}}$$

式中，N 为每格的取样点数；t/div 为扫描因数。

例如，当扫描因数为 10 μs/div，每格取样点数为 100 时，则取样速率 f_s 为 10 MHz，即相邻取样点之间的时间间隔（等于取样周期）为 10 μs/100 = 0.1 μs。

（2）存储带宽 B

存储带宽与频率 f_s 密切相关。根据取样定理，如果取样速率大于或等于信号频率的 2 倍，便可重现原信号。实际上，为保证显示波形的分辨率，往往要求增加更多的取样点，一般取 N = 4~10 或更大，即存储带宽为

$$B = \frac{f_s}{N}$$

（3）存储容量

存储容量又称记录长度，它由采集存储器（主存储器）的最大存储容量来表示，常以字（word）为单位。数字存储器常采用 256、512、1K、4K 等容量的高速半导体存储器。

(4) 读出速度

读出速度是指将数据从存储器中读出的速度,常用"时间/div"来表示。其中,"时间"为屏幕上每格内对应的存储容量×读脉冲周期。使用中,应根据显示器、记录装置或打印机等对速度的要求进行选择。

(5) 分辨率

分辨率指示波器能分辨的最小电压增量,即量化的最小单元。它包括垂直分辨率(电压分辨率)和水平分辨率(时间分辨率)。垂直分辨率与 A/D 转换器的分辨率相对应,常以屏幕每格的分级数(级/div)或百分数来表示。水平分辨率由取样速率和存储器的容量决定,常以屏幕每格含多少个取样点或用百分数来表示。取样速率决定了两个点之间的时间间隔,存储容量决定了一屏内包含的点数。一般示波管屏幕上的坐标刻度为 8×10div(即屏幕垂直显格为 8 格,水平显格为 10 格)。如果采用 8 位 A/D 转换器(256 级),则垂直分辨率表示为 32 级/div,或用百分数来表示为 $1/256 \approx 0.39\%$;如果采用容量为 1K(1 024 字节)的 RAM,则水平分辨率为 $1\,024/10 \approx 100$ 点/div,或用百分数来表示为 $1/1\,024 \approx 0.1\%$。

任务实施

本任务建议分组完成,每组 4~5 人(包括组长 1 人),组内成员分别独自完成知识链接相关知识的学习,组长根据成员的学习情况进行分工,各成员根据分工通过分头查阅资料,进行小组讨论,完成相应的工作。

一、学习相关知识,分解任务,进行小组分工

任务分工表见表 4-25,根据实际情况填写。

表 4-25 任务分工表

任务名称				
小组名称			组长	
小组成员	姓名		学号	
	姓名		学号	
	姓名		学号	
	姓名		学号	
	姓名		学号	
小组分工	姓名		完成任务	

二、示波器触发、X-Y 模式和存储功能的使用

1. 触发功能使用（30 分）

（1）触发类型（5 分）

触发类型见表 4-26。

表 4-26　触发类型

类型	功能
边沿	当信号以正向或负向斜率通过某个幅度值时，边沿触发发生
视频	从视频格式信号中提取一个同步脉冲，并在指定视频行或场触发
脉冲	当信号的脉冲宽度与触发设置匹配时，触发发生

（2）触发模式（10 分）

触发模式见表 4-27。

表 4-27　触发模式

模式	功能	图示
自动	无论触发条件如何，示波器更新输入信号（如果没有触发事件，示波器产生一个内部触发）。这种模式尤其适合在低时基情况下观察滚动波形。 屏幕右上角显示自动触发状态	
单次	触发事件发生时，示波器捕获一次波形，然后停止。每按一次 SINGLE 键获取一次波形。 屏幕右上角显示单次触发状态	
正常	仅当触发事件发生时，示波器才获取和更新输入信号。 屏幕右上角显示正常触发状态	

（3）脉冲条件（5 分）

＞大于，＝等于，＜小于，≠不等于。

触发斜率：

上升沿触发。

下降沿触发。

（4）设置边沿触发（10 分）

边沿触发设置步骤见表 4-28。

表 4-28　边沿触发设置步骤

步骤	图示
（1）按 Trigger MENU 键	MENU
（2）重复按 Type 选择边沿触发	Type / Edge
（3）重复按 Source 选择触发源。范围：CH1、CH2、Line、Ext	Source / CH1
（4）重复按 Mode 选择自动或正常触发模式。按 SINGLE 键选择单次触发模式。范围：自动、正常	Mode / Auto ; SINGLE
（5）按 Slope/coupling 进入触发斜率和耦合选项菜单	Slope/ Coupling
（6）重复按 Slope 选择触发斜率。范围：上升沿、下降沿	Slope
（7）重复按 Coupling 选择触发耦合。范围：DC、AC	Coupling / AC
（8）按 Rejection 选择频率抑制模式。范围：LF、HF、Off	Rejection / Off
（9）按 Noise Rej 启动或关闭噪声抑制。范围：On、Off	Noise Rej / Off
（10）按 Previous Menu 返回上级菜单	Previous Menu

2. X-Y 模式操作方法（20 分）

X-Y 模式将通道 1 和通道 2 的波形电压显示在同一画面上，有利于观察两个波形的相位关系。X-Y 模式设置步骤见表 4-29。

表 4-29　X-Y 模式设置步骤

步骤	图示
（1）将信号与 CH1（X 轴）和 CH2（Y 轴）相连	CH1 X　CH2 Y　1 MΩ//15 pF　300 V CAT Ⅱ　MAC.300 Vpk

续上表

步骤	图示
(2) 确保 CH1 和 CH2 已激活	CH1　CH2
(3) 按 Horizontal 键	（方向键圆盘）
(4) 按 XY，屏幕以 X-Y 格式显示两个波形；CH1 为 X 轴，CH2 为 Y 轴	XY
(5) 调整 X-Y 模式波形	水平位置 CH1 Position 旋钮 水平挡位 CH1 Volts/Div 旋钮 垂直位置 CH2 Position 旋钮 垂直挡位 CH2 Volts/Div 旋钮

3. 存储功能操作方法（50 分）

存储功能将屏幕图像、波形数据和面板设置保存到示波器的内存或前面板 USB 接口。调取功能从示波器的内存或 USB 中调取默认出厂设置、波形数据和面板设置。

（1）文件结构（5 分）

显示图像文件格式；格式 xxxx.bmp（Windows 位图格式）；内容 234×320 像素，彩色模式；背景颜色可以反转（省墨功能）。

（2）波形文件格式（5 分）

格式 xxxx.csv（表格处理软件可以打开的逗号分隔值格式，如 Microsoft Excel）文件保存为两种不同的 CSV 格式。

（3）存储位置（10 分）

文件存储位置见表 4-30。

表 4-30　文件存储位置

存储位置	说明
内存	示波器的内部存储器，可存储 15 组波形
外部 USB 闪存盘	USB 闪存盘（FAT 或 FAT32 格式）可以无限制存储波形
参考 A、B	两组参考波形可以视为调取缓冲器。在调取参考波形前，必须先将波形存储在内存或 USB 中，然后再复制到存放参考波形的 A 或 B 位置
波形记录长度	打开两通道时，记录长度为 1M 点，仅使用一个通道，记录长度为 2M 点。只有当输入信号被触发，且按 Stop 或 Single 键之后，最大记录长度才有效。由于采样率的限制，在某些情况下屏幕并不能显示所有的点，可能由以下原因引起：信号未被触发、时间太短

（4）操作步骤（10 分）

操作步骤见表 4-31。

表 4-31　操作步骤

步骤	图示
（1）将 USB 闪存盘插入前面板 USB 接口	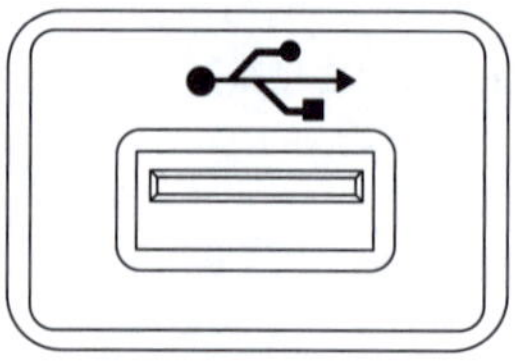
（2）按 Save/Recall 键。选择任意保存或调取功能。例如 Save Image 功能的 Destination USB	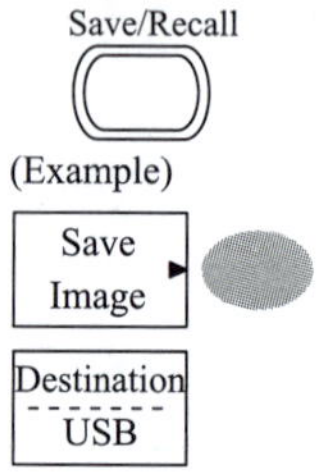
（3）按 File Utilities。屏幕显示 USB 闪存盘内容	
（4）使用 VARIABLE 旋钮移动光标。按 Select 进入文件夹或返回上级目录	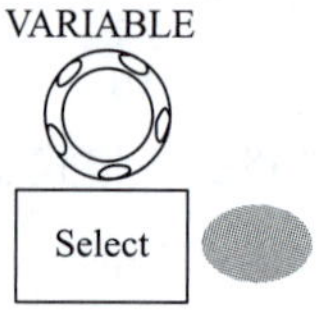

（5）新建文件夹/重命名文件或文件夹（10 分）

新建文件夹/重命名文件或文件夹操作步骤见表 4-32。

表 4-32　新建文件夹/重命名文件或文件夹操作步骤

步骤	图示
（1）将光标移至文件或文件夹位置，按 New Folder 或 Rename。屏幕显示文件/文件夹名称和字符表	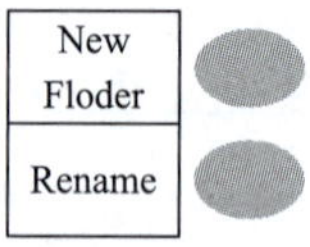
（2）使用 VARIABLE 旋钮，将指针移至字符处。按 Enter Character 添加一个字符或 Back Space 删除一个字符	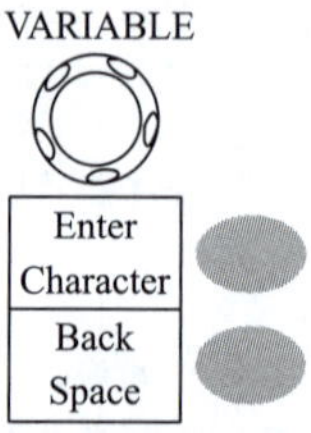
（3）编辑完成后，按 Save 保存新/重命名文件或文件夹	

（6）删除文件夹或文件（10分）

删除文件夹或文件操作步骤见表4-33。

表4-33 删除文件夹或文件操作步骤

步骤	图示
（1）将光标移至文件夹或文件位置，按 Delete。屏幕底部显示 "Press F4 again to confirm this process" 信息	Delete ●
（2）再按 Delete 确认删除。按其他键取消删除	Delete ●

任务测评

教师引导学生对任务进行分析和讨论，针对任务反映的问题，根据各组提出解决方法，做简短的点评或补充性、提高性的总结，并指导各组进行组内互评，最后完成总体评价。将评价结果填入表4-34、表4-35中。

表4-34 组内互评表

任务名称					
小组名称					
评价标准		如任务实施所示，共100分			
序号	分值	组内互评（下行填写评价人姓名、学号）			平均分
1	30				
2	20				
3	50				
		总分			

表4-35 任务评价总表

任务名称					
小组名称					
评价标准		如任务实施所示，共100分			
序号	分值	自我评价（50%）			教师评价 思政评价 （50%）	单项总分
		自评	组内互评	平均分		
1	30					
2	20					
3	50					
		总分				

润物无声

矢志创新，科技报国

"复兴号"是中国制造的高速动车组，以时速 350 公里的商业运营速度领跑全球。它是高精尖技术的集成，由 50 多万个零部件组成，必须精密装配才能保证高速安全奔跑。其中，转向架是核心部件之一，制造过程中精度控制是难点。中车四方股份公司钳工首席技师郭锐攻关了转向架的测量难题，成功将游隙测量精度控制在 0.02 mm，提高了"复兴号"转向架的装配品质。郭锐领衔的技能大师工作室汇集了 420 名高技能人才，一起开展技术攻关，推动企业技术革新和创新成果转化，也为技能人才提供了历练机会。

学生应当培养科技报国的使命担当、工匠精神，了解电子测量、装配技术的发展及未来使命，热爱科学、矢志创新，为报效祖国做准备。

项目总结

本项目主要介绍了示波器的作用和基本组成、主要技术指标及其含义、数字存储示波器的组成等内容。通过本项目任务的操作，掌握根据工作任务的要求合理选择示波器的方法，熟练使用示波器的测试功能、触发功能、X-Y 显示功能和存储功能。

思考与练习

（1）画出通用示波器的原理框图，简述各部分的功能。

（2）画出数字存储示波器的原理框图。数字存储示波器与模拟示波器两者有何异同？

（3）简述数字存储示波器的特点。

（4）在通用示波器中，欲让示波器稳定显示被测信号的波形，对扫描电压有何要求？

（5）连续扫描和触发扫描有何区别？

（6）试说明触发电平和触发极性调节的意义。

（7）延迟线的作用是什么？延迟线为什么要在内触发信号之后引出？

（8）在双踪示波器中，什么是"交替"显示？什么是"断续"显示？对被测信号的频率有何要求？

（9）设示波器的 X、Y 输入偏转灵敏度相同，在 X、Y 输入端分别加入电压：$u_x = A\sin(\omega t + 45°)$，$u_y = A\sin \omega t$，试画出荧光屏上显示的图形。

（10）一个受正弦波调制电压调制的调幅波 $u_y = U_{cm}(1 + m_a \cos \Omega t) \cos \omega_c t$ 加到示波管的垂直偏转板，而同时又把这个正弦调制电压 $u_x = U_{\Omega m} \cos \Omega t (\Omega \omega_c)$ 加到水平偏转板，试画出屏幕上显示的波形，如何从这个图形求调幅波的调幅系数 m_a？

（11）设被测正弦信号的周期为 T，扫描锯齿波的正程时间为 $T/4$，回程时间可以忽略，被测信号加入 Y 输入端，扫描信号加入 X 输入端，试用作图法说明信号的显示过程。

(12）若被测正弦信号的频率为 10 kHz，理想的连续扫描电压频率为 4 kHz，试画出荧光屏上显示的波形。

（13）已知扫描电压的正程、回程时间分别为 3 ms 和 1 ms，且扫描回程不消隐，试画出荧光屏上显示出的频率为 1 kHz 正弦波的波形图。

（14）有一正弦信号，示波器的垂直偏转因数为 0.1 V/div，测量时信号经过 10:1 的衰减探头加到示波器上，测得荧光屏上波形的显示高度为 4.6 div，则该信号的峰值、有效值各为多少？

（15）已知示波器时基因数为 0.2 ms/div，垂直偏转因数为 10 mV/div，探极衰减比为 10:1，正弦波频率为 1 kHz，峰-峰值为 0.5 V，试画出显示的正弦波的波形图。如果正弦波有效值为 0.4 V，重绘显示出的正弦波波形图。

（16）已知示波器最小时基因数为 0.01 μs/div，荧光屏水平方向有效尺寸为 10 div，如果要观察两个周期的波形，则示波器的最高扫描工作频率是多少？（不考虑扫描逆程、扫描等待时间。）

项目五 调试无线遥控车

项目引入

某科技公司设计了一款无线遥控车,目前该公司已经采购了无线遥控车所需的相关机械模块,并且设计了遥控车电路主控板,但是公司由于人员有限,需要设计者帮忙进行无线遥控车的装配和调试。要求根据提供的相关工具、元器件以及机械部件进行无线遥控车的装配,在完成遥控车装配之后,需要对公司指定的端口进行硬件功能调试,确保车辆能够实现控制需求。该公司编制了项目设计任务书,具体见表5-1。

表5-1 项目设计任务书

项目五	调试无线遥控车	课程名称	电子工艺综合实训
教学场所	电子工艺实训室	学时	12
项目要求	(1) 完成无线遥控车主控板的焊接; (2) 完成无线遥控车的机械部分装配; (3) 完成主控板电路程序烧录; (4) 完成主控板电路调试点波形测量; (5) 完成整体无线遥控车功能测试		
器材设备	电子元件、基本电子装配工具、测量仪器、多媒体教学系统		

学习目标

一、知识目标

(1) 能够阐述整机装配原理;
(2) 能够讲述整机装配步骤;
(3) 能够阐述整机调试过程。

二、能力目标

(1) 能够根据项目需求进行电路主控板的焊接；
(2) 能够根据产品需求进行机械部件的安装和整机装配；
(3) 能够熟练使用下载器进行程序的烧录；
(4) 能够依据调试要求进行整机性能调试。

三、素质目标

(1) 养成良好的规范意识；
(2) 养成严谨的学习态度、科研精神。

项目实施

任务1 装配无线遥控车整机

任务解析

按照项目要求，根据科技公司设计图，分别完成电器装配和机械装配两部分内容。首先依照电路图、元器件布局图以及PCB布线图进行主控板的焊接，并依据具体任务要求，依照机械装配图纸，进行无线遥控车的机械部分装配。

知识链接

扫一扫

电子整机总装

电子产品整机装配的主要内容包括电气装配和机械装配两大部分。电气装配部分包括元器件的布局，元器件、连接线安装前的加工处理，各种元器件的安装、焊接，单元装配，连接线的布置与固定等。机械装配部分包括机箱和面板的加工，各种电气元件固定支架的安装，各种机械连接和面板控制器件的安装，以及面板上必要的图标、文字符号的喷涂等。

一、装配特点及要求

1. 装配特点

① 装配工作是由多种基本技术构成的。
② 装配操作质量，在很多情况下，都难以进行定量分析，掌握正确的安装操作方法是十分必要的，切勿养成随心所欲的操作习惯。
③ 进行装配工作的人员必须进行训练和挑选，不可随便上岗。

2. 装配要求

① 元器件的标志方向应按照图纸规定的要求，安装后能看清元件上的标志。若装配图上没有指明方向，则应使标记向外，易于辨认，并按照从左到右、从下到上的顺序读出。
② 元件的极性不得装错，安装前应套上相应的套管。
③ 安装高度应符合规定要求，同一规格的元器件应尽量安装在同一高度。

④ 安装顺序一般为先低后高，先轻后重，先易后难，先一般元器件后特殊元器件。

⑤ 元器件在印制电路板上的分布应尽量均匀，疏密一致，排列整齐美观，不允许斜排、立体交叉和重叠排列。元器件外壳和引线不得相碰，要保证 1 mm 左右的安全间隙。

⑥ 元器件的引线穿过焊盘后应至少保留 2 mm 以上的长度。不要先把元器件的引线剪断，而应待焊接好后再剪断元器件引线。

⑦ 对一些特殊元器件的安装处理，如 MOS 集成电路的安装，应在等电位工作台上进行，以免静电损坏器件。发热元件（如 2 W 以上的电阻）要与印制电路板面保持一定的距离，不允许贴面安装。较大元器件（质量超过 28 g）的安装应采取固定（捆扎、粘、支架固定等）措施。

⑧ 装配过程中，不能将焊锡、线头、螺钉、垫圈等导电异物落在机器中。

二、电子产品装配方法

目前，电子产品装配方法，从装配原理上可以分为以下三种：

1. 功能法

功能法是将电子产品的一部分放在一个完整的结构部件内。该部件能完成变换或形成信号的局部任务（某种功能）。

2. 组件法

组件法是制造一些在外形尺寸和安装尺寸上都统一的部件，这时部件的功能完整性退居到次要地位。

3. 功能组件法

功能组件法是兼顾功能法和组件法的特点，制造出既有功能完整性又有规范化的结构尺寸和组件。

三、电子产品装配工艺

电子元器件种类繁多，外形不同，引出线也多种多样，所以印制电路板的装配方法也就有差异，必须根据产品结构的特点、装配密度以及产品的使用方法和要求来决定。元器件装配到印制电路板之前，一般都要进行加工处理，然后进行插装。良好的成形及插装工艺，不但能使机器性能稳定、防震、减少损坏，而且还能达到机内整齐美观的效果。

1. 元器件引线的成形

（1）预加工处理

元器件引线在成形前必须进行加工处理。这是由于元器件引线的可焊性虽然在制造时就有这方面的技术要求，但因生产工艺的不同，加上包装、贮存和运输等中间环节时间较长，在引线表面产生氧化膜，使引线的可焊性严重下降。引线的再处理主要包括引线的校直、表面清洁及上锡三个步骤。要求引线处理后，不允许有伤痕、镀锡层均匀、表面光滑、无毛刺和残留物。

（2）引线成形的基本要求

引线成形工艺就是根据焊点之间的距离，做成需要的形状，目的是使它能迅速而准确地插入孔内。要求元器件引线开始弯曲处，离元件端面的最小距离不小于 2 mm，并且成形后引线不允许有机械损伤。

（3）成形方法

为保证引线成形的质量，应使用专用工具和成形模具。在没有专用工具或加工少量元器件时，可使用平口钳、尖嘴钳、镊子等一般工具手工成形。

2. 元器件的安装方式

（1）卧式安装

又称贴板安装，安装形式如图 5-1 所示。它适用于防震要求高的产品。元器件贴紧印制电路板板面，安装间隙小于 1 mm。当元器件为金属外壳，安装面又有印制导线时，应加垫绝缘衬垫或绝缘套管。

（2）悬空安装

安装形式如图 5-2 所示，它适用于发热元件的安装。元器件距印制电路板面有一定高度，安装距离在 3~8 mm 范围内，以利于对流散热。

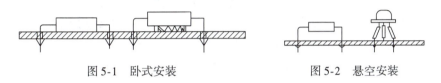

图 5-1　卧式安装　　　　　图 5-2　悬空安装

（3）立式安装

又称垂直安装，安装形式如图 5-3 所示。它适用于安装密度较高的场所。元器件垂直于印制电路板，但对质量大、引线细的元器件不宜采用这种形式。

（4）埋头安装（倒装）

安装形式如图 5-4 所示。这种方式可提高元器件防震能力，降低安装高度。元器件的壳体埋于印制电路板的嵌入孔内，因此又称嵌入式安装。

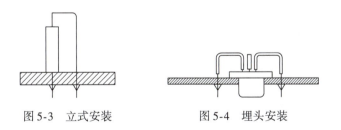

图 5-3　立式安装　　　　　图 5-4　埋头安装

（5）有高度限制的安装

安装形式如图 5-5 所示。元器件安装高度的限制一般在图纸上标明，通常处理的方法是垂直插入后，再朝水平方向弯曲。对于大型元器件要特殊处理，以保证有足够的机械强度，经得起振动和冲击。

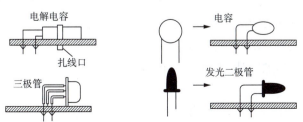

图 5-5　有高度限制的安装

(6) 支架固定安装

这种方法适用于质量较大的元件，如小型继电器、变压器、阻流圈等。一般用金属支架在印制基板上将元件固定。

3. 连线工艺

(1) 连线方法

① 固定线束应尽可能贴紧底板走，竖直方向的线束应紧沿框架或面板走，使其在结构上有依附性，也便于固定。对于必须架空通过的线束，要采用专用支架支撑固定，不能让线束在空中晃动。

② 线束穿过金属孔时，应在板孔内嵌装橡皮衬套或专用塑料嵌条，也可以在穿孔部位包缠聚氯乙烯带。对屏蔽层外露的屏蔽导线，在穿过元器件引线或跨接印制线路情况时，应在屏蔽导线的局部或全部加绝缘套管，以防发生短路。

③ 处理地线时，为方便和改善电路的接地，一般考虑用公共地线（即地母线，常用较粗的单芯镀锡的裸铜线作地母线）。用适当的接地焊片与底座接通，也能起到固定其位置的作用。地母线形状由电路和接点的实际需要确定，应使接地点最短、最方便，但一般地母线均不构成封闭的回路。

④ 线束内的导线应留 1~2 次重焊备用长度（约 20 mm）。连接到活动部位的导线的长度要有一定的活动余量，以便能适应修理、活动和拆卸的需要。

(2) 扎线

电子设备的电气连接主要是依靠各种规格的导线来实现的，但机内导线分布纵横交错、长短不一，若不进行整理，不仅影响美观和多占空间，而且还会妨碍电子设备的检查、测试和维修。因此在整机组装中，应根据设备的结构和安全技术要求，用各种方法，预先将相同走向的导线绑扎成一定形状的导线束（又称线扎），固定在机内，这样可以使布线整洁，产品一致性好，因而大大提高了设备的商品价值。

4. 特殊元器件的安装

(1) 集成电路的安装

集成电路在大多数应用场合都是直接焊接到 PCB 上的，但不少产品为了调整、升级、维护方便，常采用先焊接 IC 座再安装集成电路的安装方式。

集成电路的安装要点如下：

① 防静电；

② 找方位；

③ 匀施力。

(2) 大功率器件的安装

大功率器件在工作时要发热，必须依靠散热器将热量散发出去，而安装的质量对传热效率影响很大。以下三点是安装的要领：

① 器件和散热器接触面要清洁平整，保证两者之间接触良好。

② 在器件和散热器的接触面上要涂硅脂。

③ 在有两个以上的螺钉紧固时，要采用对角线轮流紧固的方法，防止贴合不良。

(3) 电位器的安装

电位器的安装根据其使用的要求一般应注意两点：

① 有锁紧装置时的安装。这里指对电位器芯轴的锁紧。芯轴位置是可变的，能影响电阻值。在安装时由固定螺母将电位器固定在装置板上，用紧锁螺母将芯轴锁定。

② 有定位要求时的安装。有定位要求的电位器安装中，应保证旋钮拧到左极端位置时标志点对准面板刻度的零位。

（4）散热器的安装

功率半导体器件一般都安装在散热器上。晶体管散热器常见安装结构如下：

① 为引线固定的中功率晶体管套管状散热器，它依靠弹性接触紧箍在管壳上。

② 为叉指型散热器组装集成电路稳压器，并安装在印制电路板上。

③ 为大电流整流二极管用自身螺杆直接拧入散热器的螺纹孔里进行散热，这样接触面积大，散热效果更好一些。

（5）继电器的安装

舌簧型继电器应该使触点的动作方向和衔铁的吸合方向，尽量不要同振动方向一致。

四、整机组装

1. 整机组装的内容和基本要求

（1）整机组装的内容

整机组装又称总装，包括机械的和电气的两大部分。具体地说，总装的内容包括将各零、部、整件（如各机电元件、印制电路板、底座、面板以及装在它们上面的元件）按照设计要求，安装在不同的位置上，组合成一个整体，再用导线（线扎）将零部件之间进行电气连接，完成一个具有一定功能的完整的机器，以便进行整机调整和测试。

总装的连接方式可归纳为两类：一类是可拆卸的连接，即拆散时不会损伤任何零件或材料，它包括锡焊连接、胶粘、铆钉连接等；另一类是不可拆卸的连接。

总装的装配方式，从整机结构来分，有整机装配和组合件装配两种。

（2）整机组装的基本要求

① 总装前组成整机的有关零部件或组件必须经过调试、检验，不合格的零部件或组件不允许投入总装线，检验合格的装配件必须保持清洁。

② 总装过程要根据整机的结构情况，应用合理的安装工艺，用经济、高效、先进的装配技术，使产品达到预期的效果，满足产品在功能、技术指标和经济指标等方面的要求。

③ 严格遵守总装的顺序要求，注意前后工序的衔接。

④ 总装过程中，不损伤元器件和零部件，避免碰伤机壳、元器件和零部件的表面涂覆层，不破坏整机的绝缘性，保证安装件的方向、位置、极性的正确，保证产品的电性能稳定，并有足够的机械强度和稳定度。

⑤ 小型机、大批量生产的产品，其总装在流水线上安排的工位进行。

2. 整机组装的顺序和工艺过程

（1）整机组装的顺序

整机组装的顺序是：先轻后重、先小后大、先铆后装、先装后焊、先里后外、先下后上、先平后高、易碎易损件后装，上道工序不得影响下道工序的安装。

(2) 整机组装的工艺过程

电子产品的整机组装工艺过程包括：零部件的配套准备→零部件的装联→整机调试→总装检验→包装→入库或出厂。

① 零部件的配套准备。电子产品在总装之前，应对装配过程中所需的各种装配件（如具有一定功能的印制电路板等）和紧固件等从数量的配套和质量的合格两方面进行检查和准备，并准备好整机装配与调试中的各种工艺、技术文件，以及装配所需的仪器设备。

② 零部件的装联。零部件的装联是将质量合格的各种零部件，通过螺纹连接、粘接、锡焊连接、插接等手段，安装在规定的位置。

③ 整机调试。整机调试包括调整和测试两部分工作，即对整机内可调部分（例如，可调元器件及机械传动部分）进行调整，并对整机的电性能进行测试。各类电子整机在装配完成后，进行电路性能指标的初步调试，调试合格后再把面板、机壳等部件进行合拢总装。

④ 总装检验。总装检验应按照产品的技术文件要求进行。检验的内容包括：检验整机的各种电气性能和外观等。通常按以下几个步骤进行：

  a. 对总装的各种零部件的检验。

  b. 工序间的检验。即后一道工序的工人检验前一道工序工人加工的产品质量，不合格的产品不流入下一道工序。

  c. 电子产品的综合检验。

⑤ 包装。包装是电子整机产品总装过程中起保护产品、美化产品及促进销售的重要环节。电子总装产品的包装，通常着重于方便运输和储存两方面。

⑥ 入库或出厂。合格的电子整机产品经过合格的包装，就可以入库储存或直接出厂运往需求部门，从而完成整个总装过程。

总装工艺流程的先后顺序有时可以做适当变动，但必须符合以下两条：

  a. 使上、下道工序装配顺序合理且加工方便。

  b. 使总装过程中的元器件损耗最小。

3. 整机组装工艺过程

(1) 电子产品装配的分级

电子产品装配是生产过程中一个极其重要的环节，装配过程中，通常会根据所需装配产品的特点、复杂程度的不同将电子产品的装配分为不同的组装级别。

① 元件级组装（第一级组装）：是指电路元器件、集成电路的组装，是组装中的最低级别。其特点是和结构不可分割的。

② 插件级组装（第二级组装）：是指组装和互连装有元器件的印制电路板或插件板等。

③ 系统级组装（第三级组装）：是将插件级组装件通过连接器、电线、电缆等组装成具有一定功能的、完整的电子产品设备。

(2) 整机组装的工艺流程

电子产品装配的工艺流程因设备的种类、规模不同，其构成也有所不同，但基本工序并没有什么变化，其过程大致可分为装配准备、装联、调试、检验、包装、入库或出厂等几个阶段，据此就可以制定出电子设备最有效的工序。由于产品的复杂程度、设备场地条件、生产数量、技术力量及操作工人技术水平等情况的不同，生产的组织形式和工序也要根据实际情况有所变化。例如，样机生产可按工艺流程主要工序进行；若大批量生产，则其装配工艺流程中的印制电路板装配、机座装配及线束加工几个工序，可并列进行。在实际操作中，要根据生产人数、装配人员的技术水平来编制最有利于现场指导的工序。

（3）产品加工生产流水线

① 生产流水线与流水节拍。产品加工生产流水线就是把一部整机的装联、调试工作划分成若干简单操作，每一个装配工人完成指定操作。在流水操作的工序划分时，要注意到每个人操作所用的时间应相等，这个时间称为流水节拍。

② 流水线的工作方式。目前，电视机、录音机、收音机的生产大都采用印制电路板插件流水线的方式。插件形式有自由节拍形式和强制节拍形式两种。

a. 自由节拍形式。自由节拍形式是由操作者控制流水线的节拍来完成操作工艺的。这种方式的时间安排比较灵活，但生产效率低，分为手工操作和半自动操作两种类型。

b. 强制节拍形式。强制节拍形式是指插件板在流水线上连续运行，每个操作工人必须在规定的时间内把所要求插装的元器件、零件准确无误插到线路板上。这种方式带有一定强制性。

4. 整机组装的质量检查

电子产品整机组装完成后，按配套的工艺和技术文件的要求进行质量检查。检查工作应始终坚持自检、互检、专职检验的"三检"原则，其程序是：先自检、再互检，最后由专职检验人员检验。通常，整机质量的检查有以下几方面。

（1）外观检查

装配好的整机应该有可靠的总体结构和牢固的机箱外壳，整机表面无损伤、涂层无划痕、脱落，金属结构无开裂、脱焊现象，导线无损伤，元器件安装牢固且符合产品设计文件的规定，整机的活动部分自如，机内无多余物，如焊料渣、零件、金属屑等。

（2）装联的正确性检查

装联的正确性检查主要是指对整机电气性能方面的检查。检查的内容包括：各装配件（印制电路板、电气连接线）是否安装正确，是否符合电路原理图和接线图的要求，导电性能是否良好等。批量生产时，可根据有关技术文件提供的技术指标，预先编制好电路检查程序表，对照电路图一步一步进行检查。

（3）安全性检查

电子产品是给用户使用的，因而对电子产品的要求不仅是性能好、使用方便、造型美观、结构轻巧、便于维修，安全可靠是最重要的。一般来说，对电子产品的安全性检查有两个主要方面，即绝缘电阻和绝缘强度。

① 绝缘电阻的检查。整机的绝缘电阻是指电路的导电部分与整机外壳之间的电阻。绝缘电阻的大小与外界条件有关，在相对湿度不大于80%、温度为（25±5）℃的条件下，绝缘电阻应不小于10 MΩ；在相对湿度为（25±5）%、温度为（25±5）℃的条件下，绝缘电阻应不小于2 MΩ。

一般使用兆欧表测量整机的绝缘电阻。整机的额定工作电压大于100 V时，选用500 V的兆欧表;整机的额定工作电压小于 100 V 时,选用 100 V 的兆欧表。

② 绝缘强度的检查。整机的绝缘强度是指电路的导电部分与外壳之间所能承受的外加电压的大小。

检查的方法是在电子设备上外加实验电压,观察电子设备能够承受多大的耐压。一般要求电子设备的耐压应大于电子设备最高工作电压的两倍以上。

除上述检查项目外,根据具体产品的具体情况,还可以选择其他项目的检查,如抗干扰检查、温度测试检查、湿度测试检查、振动测试检查等。

5. 整机组装的结构形式及工艺要求

电子产品的整机在结构上通常由组装好的印制电路板、接插件、底板和机箱外壳等构成。

(1) 整机组装的结构形式

① 插件结构形式。

② 单元盒结构形式。

③ 插箱结构形式。

④ 底板结构形式。

⑤ 机体结构形式。

(2) 整机组装结构设计的基本要求

① 实现产品的各项功能指标,工作可靠、性能稳定。

② 体积小,外形美观,操作方便,性价比高。

③ 绝缘性能好,绝缘强度高,符合国家安全标准。

④ 装配、调试、维修方便。

⑤ 产品的一致性好,适合批量生产或自动化生产。

(3) 整机组装结构的装配工艺要求

① 结构装配工艺应具有相对的独立性。

② 机械结构装配应有可调节环节,以保证装配精度。

③ 机械结构装配中所采用的连接结构,应保证安装方便和连接可靠。

④ 机械结构装配应便于设备的调整与维修。

⑤ 线束的固定和安装要有利于组织生产,并使整机装配整齐美观。

⑥ 要合理使用紧固零件。

⑦ 提高产品耐冲击、振动的措施。

⑧ 应保证线路连接的可靠性。在电路装配中,线路连接的主要方法是焊接。

⑨ 操用调谐机构应能精确、灵活地工作,人工操作手感要好。

五、微组装技术简介

1. 微组装技术的基本内容

(1) 科学的总体设计思想

MPT(微电子封装和测试)已不是通常安装的概念。MPT 的实现出现了一套新的设计理念,基本思路是以微电子学及集成电路技术为依托,运用计算机辅助系统进行系统总体设计、关键技术的部件设计（如多层基板设计、电路结构及散热设计等）以及电性能模拟等。新的综合设计技术是实现产品微组装的基本保证。

（2）高密度多层基板制造技术

高密度多层基板是芯片组装的关键。从设计制作的角度看，需考虑的内容很多，要求高、工艺性强，若设计制造不当，表面安装技术将无法实施。多层基板类型很多，从塑料、陶瓷到硅片，厚膜及薄膜多层基板、混合多层及单层多次布线基板等，并与陶瓷成形、电子浆料、印刷、烧结、真空镀膜、化学镀膜、光刻等多种技术有关。

（3）芯片组装技术

芯片组装技术采用表面安装技术，还涉及一些特种连接技术，如丝焊、倒装焊等。

（4）可靠性技术

可靠性技术主要包括元器件选择及失效分析、产品的测试技术，如在线测试、性能分析、检测方案等。

2. 微组装技术层次的划分

（1）多芯片模块（MCM）

多芯片模块是由厚膜混合集成电路发展起来的一种组装技术，可以理解为集成电路的集成（二次集成）。

① 主要特征如下：

a. 所用 IC 为 LSI/VLSI。

b. IC 占基板面积大于 20%。

c. 基板层数大于 4。

d. 组件引线数、I/O 线数大于 100。

② 采用的基板类型：

a. PCB：密度不高，成本低。

b. 陶瓷烧结板，采用厚膜工艺，密度较高，成本高。

c. 半导体片：以硅片为基板，采用薄膜工艺，密度高。

（2）硅大圆片组装（WSI/HWSI）

采用硅大圆片作为安装基板，将芯片组装到硅大圆片上而形成电子组件，可进一步增大安装密度。硅大圆片（WSI）是按 IC 工艺制成互联功能的基片，将多片 IC 芯片安装到基片上形成新组件。

（3）三维组装（3D）

三维组装是将 IC、MCM、WSI 进行三维叠装，进一步缩短引线，增加密度。

六、表面安装技术

表面安装技术（surface mounting technology，SMT）是现代电子产品先进制造技术的重要组成部分。其技术内容包括表面组装元器件、组装基板、组装材料、组装工艺、组装设计、组装测试与检测技术等，是一项综合性工程科学技术。目前，在发达国家 SMT 已部分或者完全取代了传统的通孔插焊技术。它使电子组装技术发生了根本性变化。

1. SMT 的特点

SMT 的实质是指将片式化、微型化的无引线或短引线表面安装元件/器件（简称 SMC/SMD，常称为片状元器件）直接贴、焊到印制电路板（PCB）表面或其他基板的表面上的一种电子安装技术。与通孔插装技术（through hole packaging technology，THT）比较，SMT 的特点简述如下：

① 组装密度高、体积小、质量小。
② 电性能优异。
③ 可靠性高，抗震性能强。
④ 生产效率高，易于实现自动化。
⑤ 成本降低。

2. SMT 组装方式

大体上可将 SMT 分成单面混装、双面混装和全表面安装三种类型，共六种安装方式，见表 5-2。

表 5-2　表面安装组件的安装方式

序号	安装方式		组装结构	电路基板	元器件	特征
1	单面混装	先贴法		单面PCB	表面安装元器件及通孔插装元器件	先贴后插，工艺简单，安装密度低
2		后贴法		单面PCB	同上	先插后贴，工艺较复杂，安装密度高
3	双面混装	SMD 和 THC 都在 A 面		双面 PCB	同上	先插后贴，工艺较复杂，安装密度高
4		THC在 A 面，A、B 两面都有 SMD		双面 PCB	同上	THC 和 SMC/SMD 组装在 PCB 同一侧
5	全表面安装	单面表面安装		单面PCB 陶瓷基板	单面PCB 陶瓷基板表面安装元器件	工艺简单，适用于小型、薄型化的电路安装
6		双面表面安装		双面PCB 陶瓷基板	同上	高密度安装，薄型化单面PCB 陶瓷基板

（1）先贴法单面 PCB

安装工艺流程如图 5-6 所示。

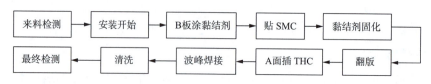

图 5-6　SMC 先贴法安装工艺流程图

（2）双面 PCB 流程同上

（3）双面混装流程同上

（4）SMC/SMD 的手工装卸

这里仅就平时常用的手工安装和拆卸问题，给予一定的介绍。由于片状元器件体积非常小（最小的电阻器、电容器只有 2 mm 长、1.25 mm 宽)、怕热又怕碰，必须配用一套相应的工具来装卸。

① SMC/SMD 的手工装卸工具：

a. 自动恒温电烙铁。

b. 拆卸专用加热头。

② SMC/SMD 的手工安装：

a. 涂敷黏结剂或焊膏。用针状物或手工点滴器直接点胶或焊膏。

b. 贴片。将表面安装 PCB 置于放大镜下，用带有负压吸嘴的手工贴片机或镊子仔细把片状元器件放到相应位置上。

c. 焊接。采用自动恒温电烙铁首先在 SMC/SMD 最边缘的一个引脚上加热，注意烙铁头上不能挂有较多的焊锡，然后再加热对角的引脚，以此方法进行焊接。另外，还可以使用热风枪或红外线焊枪进行焊接。将热风枪调到适当的温度，用热风枪直接吹元器件的引脚和焊盘，并来回移动热风枪，以避免局部过热而损坏元器件或印制电路板。

③ 常用片状元器件的更换方法：

a. 大规模混合集成电路的更换。大规模混合集成电路是由许多片状元器件按设计要求安装在一块基片上而构成的。拆卸方法有两种：一种是用电烙铁和吸锡网来清除引脚上的焊锡；另一种是用真空吸锡枪来直接吸走引脚上的焊锡。

b. Y 形引脚集成电路的拆卸和安装。拆卸时将吸锡网先放在集成电路一侧的引脚上，再将专用加热头放在吸锡网上。加热温度不能超过 290 ℃，加热约 3 s 后轻轻抬起加热的引脚侧，注意抬起来的距离要尽量小，以防另一侧引脚在板剥离，然后再用同样的方法拆下另一侧引脚。

Y 形引脚集成电路的安装方法是，先将集成电路放好在预定的位置上。先焊住对角的两个引脚，然后再逐个焊其他引脚。

c. 双列扁平封装集成电路的拆卸。拆卸方法：选用和集成电路一样宽的 L 形加热头，在加热头的两个内侧面和顶部加上焊锡。将加热头放在集成电路的两排引脚上，来回移动加热头，以便将整个集成电路引脚上的焊锡都熔化。当所有引出脚上的焊锡都熔化时，再用镊子将集成电路轻轻夹起。

d. 四列扁平封装集成电路的拆卸。四列扁平封装集成电路拆卸时要选用专用加热头，并在加热头的顶部加上焊锡，然后将加热头放在集成电路引脚上约 3 s 后，再轻轻转动集成电路，并用镊子配合，把集成块轻轻抬起。

e. 片状二极管、片状三极管、片状电阻和片状电容的拆卸。

方法一：选用专用加热头进行拆卸。将加热头放在片状元件的引脚上面约 3 s 后，焊锡即可熔化，然后用镊子轻轻将片状元件夹起。

方法二：用两把电烙铁同时加热片状元件的两引脚，待焊锡熔化后，再用两把电烙铁配合将元器件轻轻夹起。注意加热时间要短。

任务实施

本任务建议分组完成，每组 4~5 人（包括组长 1 人），组内成员分别独自完成知识链接相关知识的学习，组长根据成员的学习情况进行分工，各成员根据分工通过分头查阅资料，进行小组讨论，完成相应的工作。

一、学习相关知识,分解任务,进行小组分工

任务分工表见表 5-3,根据实际情况填写。

表 5-3 任务分工表

任务名称			
小组名称		组长	
小组成员	姓名	学号	
	姓名	学号	
	姓名	学号	
	姓名	学号	
	姓名	学号	
小组分工	姓名	完成任务	

二、主控电路板电气组装(50 分)

请依照主控电路板的元件布置图、电路布线图进行主控电路板的电气组装。

主控电路板的元件布置图如图 5-7 所示。

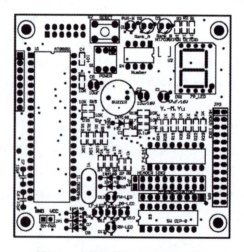

图 5-7 主控电路板的元件布置图

主控电路板布线图如图 5-8、图 5-9 所示。

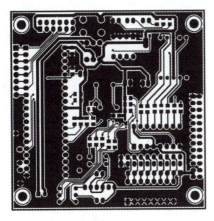
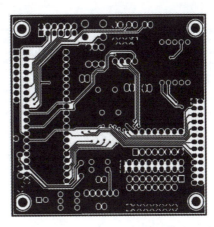

图 5-8　主控电路板布线图（1）　　　　图 5-9　主控电路板布线图（2）

主控电路板元器件清单见表 5-4。

表 5-4　主控电路板元器件清单

序号	类别	规格	封装方式	数量
1	IC	AT89S51 ATMEL	DIP	1
2	IC	HT7039（PWR DETCR）	SOT-89	1
3	IC	74LS47	DIP16	1
4	电阻	1 kΩ	805	16
5	电阻	10 kΩ	805	9
6	电容	0.1 μF（104p）	805	1
7	电容	10 pF	DIP	1
8	电容	10 μF/25 V 4×5 mm	DIP	1
9	电容	47 μF/16 V 5×5 mm	DIP	1
10	二极管	1N4148	DIP	6
11	晶振	12 MHz	49US	1
12	排阻	10 kΩ A-9P8R-103	DIP	1
13	三极管	2N8050	T-NPN-SMD	1
14	蜂鸣器	BUZZER1205	DIP	1
15	电路板	75 mm×75 mm		1
16	IC 座	2×20 600 mil	DIP	1
17	IC 座	2×8 300 mil	DIP	1
18	排针公座	2×6	DIP	1
19	排针公座	2×10	DIP	1
20	排针公座	2×13	DIP	1
21	数码管	7P_LED	共阳	1
22	LED	黄色	DIP	5

续上表

序号	类别	规格	封装方式	数量
23	LED	绿色	DIP	1
24	LED	红色高亮	DIP	1
25	LED	绿色高亮	DIP	1
26	Molex 公座	90°	DIP	1
27	圆形按键	6×6×5（RESET）	SW_4PIN	1
28	拨码开关	2×4pin	DIP8	1
29	拨码开关	2×8pin 90°	DIP16	1
30	按键开关	SW DPDT	SW3-1	1
31	电池盒 4	线长 15 cm	个	1
32	电池线端口	2.54 mm	个	2
33	Molex 母座	1×2pin	个	1

主控电路板焊接成品图如图 5-10 所示。

三、无线遥控车机械装配（50 分）

请按照任务要求，完成无线遥控车的机械部分装配。

电动机固定座如图 5-11 所示，其中单位为 mm。

图 5-10 主控电路板焊接成品图

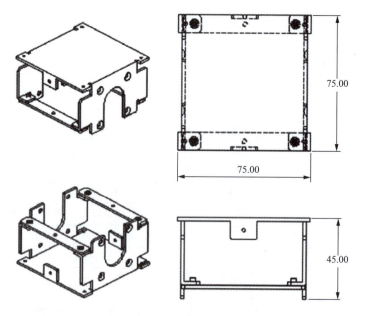

图 5-11 电动机固定座

电池盒组如图 5-12 所示，其中单位为 mm。

轮子如图 5-13 所示。

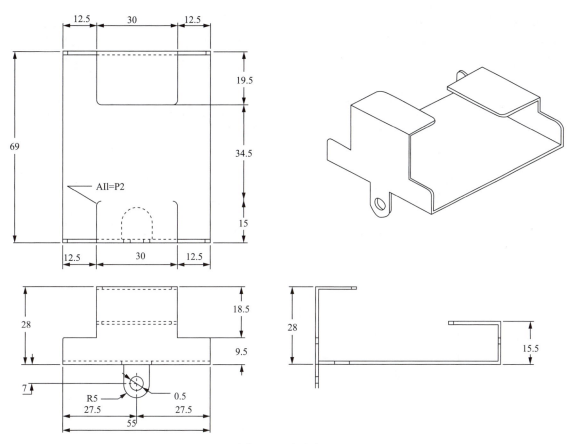

图 5-12 电池盒组

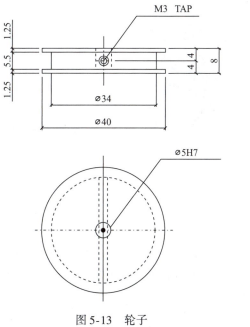

图 5-13 轮子

机械组合图如图 5-14 所示。

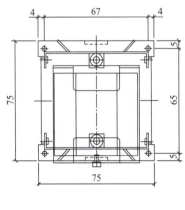
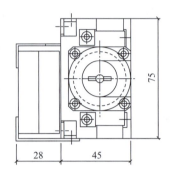
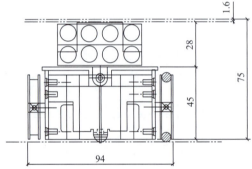

图 5-14　机械组合图

成品图如图 5-15 所示。

图 5-15　成品图

任务测评

教师引导学生对任务进行分析和讨论,针对任务反映的问题,根据各组提出解决方法,做简短的点评或补充性、提高性的总结,并指导各组进行组内互评,最后完成总体评价。评价结果填入表 5-5、表 5-6 中。

表 5-5　组内互评表

任务名称						
小组名称						
评价标准		如任务实施所示，共 100 分				
序号	分值	组内互评（下行填写评价人姓名、学号）				平均分
1	50					
2	50					
总分						

表 5-6　任务评价总表

任务名称					
小组名称					
评价标准		如任务实施所示，共 100 分			
序号	分值	自我评价（50%）			教师评价 思政评价 （50%）	单项总分
		自评	组内互评	平均分		
1	50					
2	50					
总分						

任务 2　调试无线遥控车

任务解析

按照项目要求在完成无线遥控车的机械装配过程后，需要对无线遥控车的主控电路板进行程序下载。本任务要求用某科技公司提供的程序，利用主控电路板的专用下载器，分别将主控电路板测试程序以及无线遥控车控制程序烧录到主控电路板中，并测试主控电路板功能和车辆的控制功能，最后进行电路设定检测点的测量以及相应测量点的波形测量记录。

知识链接

一、调试工作的内容

调试工作是按照调试工艺对电子产品进行调整和测试，使之达到技术文件所规定的功能和技术指标。调试既是保证并实现电子产品的功能和质量的重要工序，又是发现电子产品的设计、工艺缺陷和不足的重要环节。从某种程度上说，调试工作也是为电子产品定型提供技术性能参数的可靠依据。

调试工作包括调整和测试两个部分。调整主要是指对电路参数的调整，即对整机内可调元器件及与电气指标有关的调谐系统、机械传动部分进行调整，使之达到预定的性能要求。测试则是在调整的基础上，对整机的各项技术指标进行系统测试，使电子设备各项技术指标符合规定的要求。具体说来，调试工作的内容有以下几点：

① 明确电子设备调试的目的和要求。
② 正确合理地选择和使用测试仪器和仪表。
③ 按照调试工艺对电子设备进行调整和测试。
④ 运用电路和元器件的基础理论分析和排除调试中出现的故障。
⑤ 对调试数据进行分析、处理。
⑥ 写出调试工作报告，提出改进意见。

简单的小型整机（如半导体收音机等）调试工作简便，一般在装配完成之后可直接进行整机调试，而复杂的整机调试工作较为繁重，通常先对单元板或分机进行调试，达到要求后，进行总装，最后进行整机总调。

二、调试的一般程序

由于电子产品种类繁多，电路复杂，各种产品单元电路的种类及数量也不同，所以调试程序也不尽相同。但对一般电子产品来说，调试程序大致如下。

1. 通电检查

先置电源开关于"关"位置，检查电源变换开关是否符合要求（是交流 220 V 还是 110 V），熔丝是否装入，输入电压是否正确，若均正确无误，则插上电源插头，打开电源开关通电。接通电源后，电源指示灯亮，此时应注意有无放电、打火、冒烟现象，有无异常气味，手摸电源变压器有无超温。若有这些现象，立即停电检查。另外，还应检查各种熔丝开关、控制系统是否起作用，各种风冷水冷系统能否正常工作。

2. 电路板调试

（1）电源调试

电子设备中大都具有电源电路，调试工作首先要进行电源部分的调试，才能顺利进行其他项目的调试。电源调试通常分为两个步骤。

① 电源空载调试：电源电路的调试通常先在空载状态下进行，目的是避免因电源电路未经调试而加载，引起部分电子元器件的损坏。调试时，插上电源部分的印制电路板，测量有无稳定的直流电压输出，其值是否符合设计要求或调节取样电位器使之达到预定的设计值。测量电源各级的直流工作点和电压波形，检查工作状态是否正常，有无自激振荡等。

② 加负载时电源的细调：在初调正常的情况下，加上额定负载，再测量各项性能指标，观察是否符合额定的设计要求。当达到最佳值时，选定有关调试元件，锁定有关电位器等调整元件，使电源电路具有加载时所需的最佳功能状态。

有时为了确保负载电路的安全，在加载调试之前，先在等效负载下对电源电路进行调试，以防匆忙接入负载电路可能会受到的冲击。

（2）分级分板调试

电源电路调好后，可进行其他电路的调试。这些电路通常按单元电路的顺序，根据调试的需要及方便，由前到后或从后到前依次插入各部件或印制电路板，分别进行调试。首先检查和调整静态工作点，然后进行各参数的调整，直到各部分电路均符合技术文件规定的各项技术指标为止。注意：在调整高频部件时，为了防止工业干扰和强电磁场的干扰，调整工作最好在屏蔽室内进行。

（3）整机调试

各部件调试好之后，把所有的部件及印制电路板全部插上，进行整机调试，检查各部分之间有无影响，以及机械结构对电气性能的影响等。整机电路调试好之后，测试整机总的消耗电流和功率。

（4）整机性能指标的测试

经过调整和测试，确定并紧固各调整元件。对整机进一步检查后，对产品进行全参数测试，各项参数的测试结果均应符合技术文件规定的各项技术指标。

三、整机的调试方法

整机调试是指经过初调的各单元电路板及有关机电元件、结构件装配成整机后的调整与测试。通过整机调试，应达到规定的各项技术指标。

整机调试的过程是一个有序的过程。一般来说，电气指标应先调基本的或独立的项目，后调互相关联的或影响大的项目。

整机调试的具体内容和方法步骤主要取决于电路构成和性能指标，同时也取决于生产工艺技术。因此，不同类型或不同等级的电子产品，它们的调试工艺是不同的，加之整机工作特性所包含的各种电量的性质要求也不相同，所以不可能有适应各种电子设备的整机调试的方法步骤。下面仅以调幅广播接收机调试为例说明整机调试过程。在做好调试前的各项准备工作之后，便可开始进行整机调试。

调试的内容及方法如下：

① 装配工序检查。

② 各级静态工作点的测量和调整。

③ 中频特性的调试。调整内容主要是调整中频放大电路的中频变压器（中周）的磁芯，应采用无感调节螺丝刀慢慢进行。

④ 频率覆盖范围的调试。以中波段调试为例，调试内容是把中波段频率调整在 525~1 605 kHz 范围内。

⑤ 同步调整即三点统调。调试内容是通过调节双联电容等，使振荡回路与输入回路的频率的差值保持在 465 kHz 上，即时达到同步跟踪。中波段统调点通常取 600 kHz、1 000 kHz、1 500 kHz 三点。

四、整机的故障检测方法

1. 了解故障情况

设备出现故障之后，第一步就是要进行初检，了解故障现象及故障发生的经过，并做好记录。

2. 检查和分析故障

主要任务是查找出故障的部位和产生的原因，这是排除故障的关键步骤。查找故障是一项技术性很强的工作，维修人员要熟悉该设备电路的工作原理及整机结构，查找要有科学的逻辑检查程序，按照程序逐次检查。一般程序是：先外后内、先粗后细、先易后难、先常见故障后罕见现象。

3. 处理故障

对于查明的简单故障，如虚焊、导线断头等，可直接处理，而对有些故障，必须拆卸部件才能进行修复，必须做好准备工作：必要的标记或记录，必须用的工具和仪器等。否则，拆卸后不能恢复或恢复出错，将造成新的故障。在处理故障时，要注意更换元器件时应使用原型号或原规格，对于半导体器件，不但型号要一致，色标也要相同并经过测试。电路中若配对管损坏一只，应按电路要求重新配对。非标准件或已废元件可在不影响机器性能的前提下，采用改型的器件。修理中，还应注意工艺上的要求。对于机械故障，如磨损、变形、紧固件松动等，会造成接触不良、机械传动失效，在修理时，必须注意机械工艺要求。

4. 故障检测的常用方法

维修设备不仅要有一个科学的逻辑检查程序，还要有一定的方法和手段才能快速查明故障原因，找到故障部位。故障检测的方法很多，这里介绍常用的几种。

（1）直观法

直观法就是不依靠测量仪器，而凭人的感觉器官（如手、眼、耳、鼻）的直接感觉（看、闻、听、摸），对故障原因进行判断的方法。例如在打开机器外壳时，用这种方法可直接检查有无断线、脱焊、电阻器烧坏、电解电容器漏液、印制电路板铜箔断裂、印制导线短路、真空管灯丝不亮、机械损坏等。在安全的前提下，可以用手触摸三极管、变压器、散热片等，检查温升是否过高；可以嗅出有无电阻、变压器等烧焦的气味；可以听出是否有不正常的摩擦声、高压打火声、碰撞声等；也可通过轻轻敲击或扭动来判断虚焊、裂纹等故障。直观法简便并能很快地发现故障的部位。

（2）万用表法

万用表是查找、判断故障的最常用的仪表，它方便实用、便于携带。万用表法包括电压检查法、电流检查法和电阻检查法。

① 电压检查法。它是对有关电路的各点电压进行测量，将测量值与已知值（或经验值）相比较，通过判断确定故障原因。电压检查法还可以判断电路的工作状态，如振荡器是否起振等。

② 电流检查法。通过测量电路或器件中的电流，将测得值与正常值进行比较，可以判断故障发生的原因及部位。测量方法有直接测量和间接测量。直接测量是将电流表串联于被测回路中直接读取数据；间接测量是先测电路中已知电阻上的电压值，通过计算得到电流值。

③ 电阻检查法。用万用表电阻挡测量元器件或电路两点间电阻以判断故障产生的原因。它分为在线测量和脱焊测量两种。电阻检查法还能有效地检查电路的"通""断"状态，如检查开关、铜箔电路的断裂、短路等都比较方便、准确。

（3）替代法

替代法是利用性能良好的备份器件、部件（或利用同类型正常机器的相同器件、部件）来替代仪器中可能产生故障的部分，以确定产生故障的部位的一种方法。如果替代后，工作正常，说明故障就出在这部分。替代的直接目的在于缩小故障范围，不一定一下子就能确定故障的部位，但为进一步确定故障源创造了条件。

(4) 波形观测法

通过示波器观测被检查电路交流工作状态下各测量点的波形，以判断电路中各元器件是否损坏的方法，称为波形观测法。用这种方法需要将信号源的标准信号送入电路输入端（振荡电路除外），以观察各级波形的变化。这种方法在检查多级放大器的增益下降、波形失真和振荡电路、开关电路时应用很广。

(5) 短路法

使电路在某一点短路，观察在该点前后故障现象的有无，或故障电路影响的大小，从而判断故障的部位，这种方法通常称为短路法。例如，在某点短路时，故障现象消失或显著减小，可以说明故障在短路点之前。因为短路使故障电路产生的影响不能再传到下一级或输出端。如果故障现象未消失，就说明故障在短路点之后。移动短路点位置可以进一步确定故障的部位。

这里必须注意：如果将要短接的两点之间存在直流电位差，就不能直接短路，必须用一只电容器跨接在这两点起交流短路作用。短路法在检查干扰、噪声、纹波、自激等故障时，比其他方法简便，故常被采用。

(6) 比较法

使用同型号优质的产品与被检修的设备做比较，找出故障的部位，这种方法称为比较法。检修时可将两者对应点进行比较，在比较中发现问题，找出故障所在。也可将被怀疑的器件、部件插到正常机器中，若工作依然正常，说明这部分没问题。若把正常机器的部件插到有故障的仪器中，故障就排除了，说明故障就出在这一部件上。

(7) 分割法

当故障电路与其他电路所牵连线路较多，相互影响较大的情况下，可以逐步分割有关的线路（断掉线路之间互相连接的元器件或导线的接点或拔掉印制电路板的插件等），这种方法称为分割法。这种方法对于检查短路、高压、击穿等一类可能进一步烧坏元器件的故障，是比较好的一种方法。

(8) 信号寻迹法

注入某一频率的信号或利用电台节目、录音磁带以及人体感应信号做信号源，加在被测机器的输入端，用示波器或其他信号寻迹器，依次逐级观察各级电路的输入和输出端电压的波形或幅度，以判断故障的所在，这种方法称为信号寻迹法（又称跟踪法）。

(9) 加温或冷却法

对于开机一段时间才出现故障或工作不正常的电子产品说明有元件的热稳定性不好。可通过加温或冷却可疑元件，使故障元件通过加温迅速出现故障或通过散热使故障消失。

任务实施

本任务建议分组完成，每组 4~5 人（包括组长 1 人），组内成员分别独自完成知识链接相关知识的学习，组长根据成员的学习情况进行分工，各成员根据分工通过分头查阅资料，进行小组讨论，完成相应的工作。

一、学习相关知识，分解任务，进行小组分工

任务分工表见表 5-7，根据实际情况填写。

表 5-7　任务分工表

任务名称				
小组名称			组长	
小组成员	姓名		学号	
	姓名		学号	
	姓名		学号	
	姓名		学号	
	姓名		学号	
小组分工	姓名		完成任务	

二、按照任务要求，烧录下列程序进入遥控车主控电路板（30 分）

控制电路板的专用烧录器如图 5-16 所示。图中 1 表示电源的连线，2 表示烧录器的开关，在安装芯片的时候，一定要注意 IC 的方向，不要放反。

图 5-16　控制电路板的专用烧录器

具体程序烧录步骤如下：

① 选择 File→Open 命令。

② 搜寻位置移到 work1，文件类型选择 .txt。

③ 选择 basic，然后选择开始。

④ 选择 File→Save As 命令。

⑤ 档案命名为 basic.a，因为要存成组合语言（ASM）格式。

⑥ 烧录对应程序。

⑦ 选择 Project→New Project 命令。

⑧ 保存项目。

⑨ 选择 CP。

⑩ 选择 Atmel。

⑪ 选择 AT89C51，然后按"确定"按钮。

⑫ 打开 Target1，选择 Source Group1，再按鼠标右键。

⑬ 选择加入文件。

⑭ 文件类型选择.a。

⑮ 选择 basic，然后按 add。

⑯ 打开 Source Group1。

⑰ 按 basic.a，就可以看到程序。

⑱ 进行程序编译。

⑲ 选择 Target1。

⑳ 选择 Output。

㉑ 勾选 HEX 选项，按"确定"按钮。

㉒ 重新编译，就可以获得 hex 文件。

㉓ 利用烧录器烧录即可。

三、主控电路板功能调试（30 分）

主控电路板调试功能对照表见表 5-8。

表 5-8　主控电路板调试功能对照表

程序序号	LED 输出要求	蜂鸣器发声要求
1	当连接在 P3.0 引脚上的指拨开关（S4-4 最右边的开关）拨到 ON 时，程控 P2.0～P2.4 引脚上的五个 LED（D13～D9）做一次由 P2.4 向 P2.0 每 1 s 一步的跑马灯控制，当显示到 P2.0 后熄灭这五个 LED；接下来程控连接在 P3.4 引脚上编号 B1 的 BUZZER 蜂鸣器，以 2 kHz 频率依照 BUZZER 的发声要求进行控制，结束发声子程序后若 P3.0 指拨开关状态为 OFF 时，则程序执行基本功能要求的动作（两个高亮度 LED 轮流交替点亮），若指拨开关状态仍然保持为 ON 时，则继续进行分组功能要求的动作（上述要求的动作）；声音周期的控制建议采用 Timer 方式来计时	（1）频率：2.0 kHz。 （2）动作描述：连续发声 4 000 个周期，停止
2	当连接在 P3.0 引脚上的指拨开关（S4-4 最右边的开关）拨到 ON 时，程控 P2.0～P2.4 引脚上的五个 LED（D13～D9）做一次由 P2.0 向 P2.4 每 0.8 s 逐一点亮一个的累加灯控制。当点亮到 P2.4（五个全亮时）后再熄灭这五个 LED；接下来程控连接在 P3.4 引脚上编号 B1 的 BUZZER 蜂鸣器，以 2.5 kHz 频率依照 BUZZER 的发声要求进行控制，结束发声子程序后若 P3.0 指拨开关状态为 OFF 时，则程序执行基本功能要求的动作（两个高亮度 LED 轮流交替点亮），若指拨开关状态仍然保持为 ON 时，则继续进行分组功能要求的动作（上述要求的动作）；声音周期的控制建议采用 Timer 方式来计时	（1）频率：2.5 kHz。 （2）动作描述：连续发声 5 000 个周期，停止

续上表

程序序号	LED 输出要求	蜂鸣器发声要求
3	当连接在 P3.0 引脚上的指拨开关（S4-4 最右边的开关）拨到 ON 时，程控 P2.0 ~ P2.4 引脚上的五个 LED（D13 ~ D9）同时进行五次亮灭灯控制（一亮一灭算一次），延迟间隔时间为 0.6 s；接下来程控连接在 P3.4 引脚上编号 B1 的 BUZZER 蜂鸣器，以 3 kHz 频率依照 BUZZER 的发声要求进行控制，结束发声子程序后若 P3.0 指拨开关状态为 OFF 时，则程序执行基本功能要求的动作（两个高亮度 LED 轮流交替点亮），若指拨开关状态仍然保持为 ON 时，则继续进行分组功能要求的动作（上述要求的动作）；声音周期的控制建议采用 Timer 方式来计时	（1）频率：3.0 kHz。 （2）动作描述：连续发声 6 000 个周期，停止

四、波形量测记录（40 分）

波形量测的位置共计有八个点，分别为 MCU 引脚的 16(P3.6)、18(X2)、01(P1.0)、02(P1.1)、03(P1.2)、06(P1.5)、07(P1.6)、08(P1.7) 等脚位上的波形。

依照项目要求引脚数字来决定所需量测的位置点，并利用示波器实际进行波形量测，并将所测得的波形记录于测试波形量测图表上。具体量测要求如下：

① 在电源开启但未操作任何按钮的状况下，量测 18(X2) 引脚波形。

② 在电源开启且按住前进按钮（Up）的状况下，量测 01(P1.0) 引脚波形。

③ 在电源开启且同时按住后退（Down）和加速（Turbo）按钮的状况下，量测 02(P1.1) 引脚波形；在电源开启且同时按住右转（Right）和加速（Turbo）按钮的状况下，量测 03(P1.2) 引脚波形；在电源开启未操作任何按钮的状况下量测 16(P3.6) 引脚波形。

④ 在电源开启且按住左转按钮（Left）的状况下，量测 07(P1.6) 引脚波形。

⑤ 在电源开启且同时按住前进（Up）和左转（Left）按钮的状况下量测 08(P1.7) 引脚波形。

⑥ 在电源开启且同时按住后退（Down）和右转（Right）按钮的状况下量测 06(P1.5) 引脚波形。

所有量测点除了确实利用示波器进行量测，并将波形记录于图表中以外，还需计算波形的振幅（峰对峰）与频率。波形振幅数值会因为工作电压有些许影响，正确数值以实际量测时的工作电压为基准，且务必正确填写各数值的单位。波形记录图如图 5-17 所示。

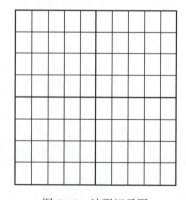

图 5-17　波形记录图

任务测评

教师引导学生对任务进行分析和讨论,针对任务反映的问题,根据各组提出解决方法,做简短的点评或补充性、提高性的总结,并指导各组进行组内互评,最后完成总体评价,评价结果填入表5-9、表5-10中。

表5-9 组内互评表

任务名称					
小组名称					
评价标准		如任务实施所示,共100分			
序号	分值	组内互评(下行填写评价人姓名、学号)			平均分
1	30				
2	30				
3	40				
		总分			

表5-10 任务评价总表

任务名称					
小组名称					
评价标准		如任务实施所示,共100分			
序号	分值	自我评价(50%)			教师评价 思政评价 (50%)	单项总分
		自评	组内互评	平均分		
1	30					
2	30					
3	40					
		总分				

润物无声

树立严谨的学习态度

严谨的态度是成功的关键,如孔子所言"食不厌精,脍不厌细",以及南开大学的箴言"面必净,发必理,衣必整,钮必结,头容正,肩容平,胸容宽,背容直",都体现了严谨的治学之风。对于艺术家罗丹而言,严谨更是他取得成功的阶梯。对于学生来说,严谨的学习态度也是完成各项项目训练的关键。

 项目总结

本项目主要介绍了电路的装配工艺、电路整机装配的流程以及电路的调试流程和基本调试方法等内容。通过本项目任务的操作,掌握根据工作任务的要求进行电路整机的电气、机械装配,以及电路调试的方法。

思考与练习

(1) 简述电子装配在电子设计中的作用。
(2) 简述电子整机装配的具体流程。
(3) 你认为电子装配工艺过程中最重要的三点是什么?
(4) 简述如何进行电路的电气和机械部分的调试。
(5) 简述电子整机装配过程中的注意事项。

项目六 设计综合电路

项目引入

某科技公司需要制作程控电源以及数字钟,分别给出了综合电路的具体功能需求、PCB等相关材料。要求设计者,根据具体的任务需求,结合本课程前面任务,进行两个综合电路的设计和制作。该公司编制了项目设计任务书,具体见表6-1。

表6-1 项目设计任务书

项目六	设计综合电路	课程名称	电子工艺综合实训
教学场所	电子工艺实训室	学时	12
项目要求	(1) 完成程控电源的焊接制作; (2) 完成程控电源的调试; (3) 完成数字钟的整体功能仿真; (4) 完成数字钟的分模块仿真		
器材设备	电子元件、基本电子装配工具、测量仪器、多媒体教学系统		

学习目标

一、知识目标

(1) 能够阐述电路整体设计思路;
(2) 能够阐述电路图相关指标;
(3) 能够阐述综合电路整体设计的基本步骤。

二、能力目标

(1) 能够根据任务的要求选择合理的元器件;
(2) 能够依据PCB图完成电路板的焊接制作;

(3) 能够熟练利用基本电子测量仪器和装配工具完成电路板的功能调试；
(4) 能够熟练使用仿真软件进行电路的设计及仿真。

三、素质目标

(1) 培养整体意识；
(2) 培养创新创业的意识。

项目实施

任务1　设计程控电源

任务解析

程控电源广泛应用于各种电子设备中。某科技公司已经完成了程控电源的设计，并提供了程控电源的原理图和PCB图，要求根据任务的需求合理选择元器件，利用手工焊接制作一个符合任务要求的程控电源并进行调试。

知识链接

程控电源技术先进，全程控、全按键操作，体积小、质量小、携带方便，既可用于实验室，也可以现场使用。在一些电力系统的电测、热工、运动、调度等需要测量、检验及高精度标准信号源的电力部门和企业广泛运用。它还在其他需要高精度标准信号源进行测量、检验的地方广泛使用。下面简单介绍程控电源各单元模块的电路原理及原理图。

辅助电源：对集成运放和单片机电路供电，采用78系列线性稳压器件，输出纹波较小，利于保障整体精度。因串接7805、7812温度容易升高，故需加装散热片。辅助电源原理图如图6-1所示。

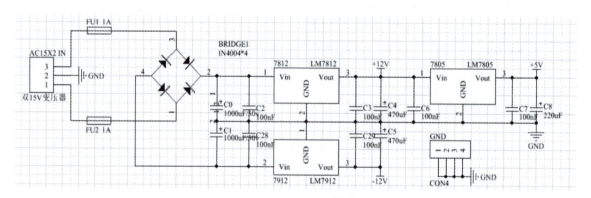

图6-1　辅助电源原理图[①]

---

① 类似图稿为仿真软件原图，其电路图形符号与国家标准符号不符，两者对照关系参见附录A。

主电源：交流 15 V 电源经整流滤波后得到直流电，LED1 指示灯点亮，表示已上电。运放电路通过二极管 D9 控制达林顿晶体管 TIP122 通断与 C12 电容实现稳压。其中，R3（0.33 Ω）用于对电流采样。电位器 VOL 用于采样输出电压，调节 VOL 以实现对集成运放输入电压的匹配（C11 用于旁路高频噪声）。此部分电路 GND 接于 OUTPUT 输出端的正极端，接于此的目的是控制 TIP122。主电源原理图如图 6-2 所示。

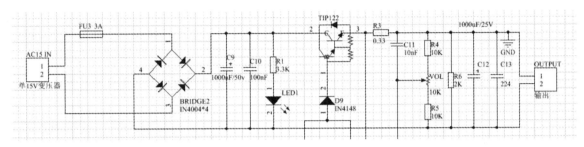

图 6-2　主电源原理图

稳压电路：LM324A 作为比较器连接使用，同相输入端接电压采样，反相输入端接 DAC 输出端。当采样电压（OUTPUT 端 0 到 12 V 对应 VOL 采样电压 0 V 到 –5 V）大于 DAC 设定电压值（范围 0 V 到 –5 V）时，集成运放输出高电平使 TIP122 导通，提高输出电压；当采样电压小于 DAC 设定电压值时，则集成运放输出低电平使 TIP122 截止，降低输出电压。如此高速往复调节，实现线性稳压功能。稳压电路原理图如图 6-3 所示。

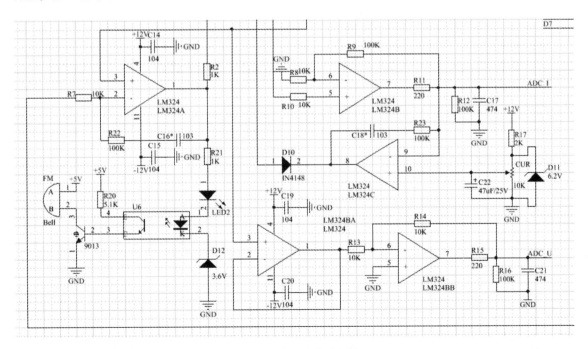

图 6-3　稳压电路原理图

电压采样处理电路：LM324BA 接为射随器，因输入阻抗高，可减小对信号源的影响；又因输出阻抗低，利于 ADC 对电压信号进行采集。LM324BB 接为 1：1 反相放大器，实现信号翻转，使负电平信号转为正电平信号，便于 ADC 采集，R16 与 C21 组成一 RC 滤波电路，过滤信号噪声。电压采样处理电路原理图如图 6-4 所示。

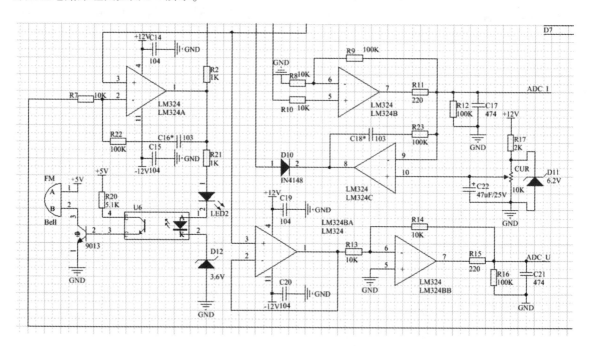

图 6-4　电压采样处理电路原理图

电流采样处理电路：此电路包含限流保护电路，LM324 接为 10 倍同相放大器，将微弱的信号放大，信号通过 R12 和 C17 组成的滤波器滤波后，被 ADC 采集，单片机换算后得到电流值。

过电流保护电路：经放大 10 倍后的信号送入 LM324C 集成运放反相输入端，与稳压二极管 D11 和分压电位器 CUR 组成的参考电压进行比较，当采样信号电压大于 CUR 设定的电压时，LM324C 输出低电压，关断 TIP122 使输出电压下降，这时 LM324A 比较器发现输出端电压下降，立即输出高电平欲使 TIP122 导通恢复电压，但集成运放与 TIP122 之间间隔一个 R2，有 LM324C 的低电平同时存在导致此高电平无法控制 TIP122 工作，但此时 LM324A 的高电平将会使 LED2 红色发光二极管点亮，U6 光电耦合器内部二极管发光，结果蜂鸣器鸣响报警，提示此时输出端电流过大。需要注意的是：此电路无过电流锁死功能，稍加注意会发现当 LM324C 输出低电平关断 TIP122 的同时，如果负载连接不变，此时 OUTPUT 端电压电流势必减小，最终是 LM324C 的反相输入端电压低于同相输入端的参考电平，结果 LM324C 又开始输入高电平释放对 TIP122 的控制（这里说释放，是因为有二极管 D10 的存在，LM324C 只能使 TIP122 关断，但无法使 TIP122 导通）。一旦电压恢复正常而负载连接未变，则会继续触发过电流保护。所以，此保护电路实现的是限流保护，过载问题除去后，自动恢复正常。

DAC0832 电路：D13 与 VREF 电位器组成参考电压电路，VREF 为 DAC0832 提供参考电平的同时也为 ADC 提供参考电平。LM324BC 实现的功能是将 DAC0832 输出的电流信号转换成电压信号（注：输出的是负向电平）。DAC0832 电路原理图如图 6-5 所示。

数码管显示电路：由两片 74HC573 分别输出数码管段码与位选信号，两片 74HC573 时分复用一组 IO 口。数码管显示电路原理图如图 6-6 所示。

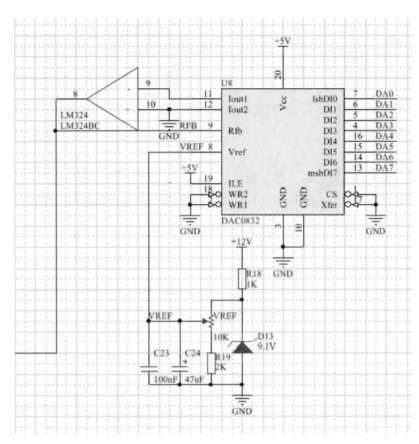

图 6-5　DAC0832 电路原理图

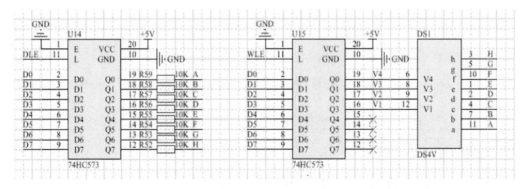

图 6-6　数码管显示电路原理图

按键电路：三个按键，分别实现电压加、电压减、电压表与电流表显示切换的功能。按键电路原理图如图 6-7 所示。

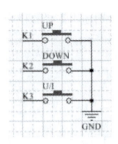

图 6-7　按键电路原理图

任务实施

本任务建议分组完成，每组 4~5 人（包括组长 1 人），组内成员分别独自完成知识链接相关知识的学习，组长根据成员的学习情况进行分工，各成员根据分工通过分头查阅资料，进行小组讨论，完成相应的工作。

一、学习相关知识，分解任务，进行小组分工

任务分工表见表 6-2，根据实际情况填写。

表 6-2　任务分工表

任务名称			
小组名称		组长	
小组成员	姓名	学号	
	姓名	学号	
	姓名	学号	
	姓名	学号	
	姓名	学号	
小组分工	姓名	完成任务	

二、电路焊接制作（50 分）

请按照图 6-8、图 6-9 给定的 PCB 进行电路的手工焊接制作。

三、电路调试（50 分）

请按照给定的调试步骤进行电路调试。

① 上电后立即检查电源，确保 ±12 V 端和 5 V 端的输出电压正常。输出电压调试示意图如图 6-10 所示。

图 6-8 电路 PCB 图 (1)

图 6-9 电路 PCB 图 (2)

② 连接已下载好对应程序的核心板，调节 VREF 电位器，使 REF 引脚电压为 5 V（此为 ADC 和 DAC 的参考电压）。参考电压调试示意图如图 6-11 所示。

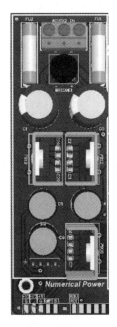

图 6-10 输出电压调试示意图

图 6-11 参考电压调试示意图

③ 按动按键，设置电压值为 12 V，通过调节 VOL，通过电压表测量 OUTPUT 端输出电压为 12 V。OUTPUT 电压调试示意图如图 6-12 所示。

④ 设置电压值为 10 V，OUTPUT 端不断点触 10 Ω 电阻，调节 CUR 使蜂鸣器刚好不鸣响而电流值显示为 1.00 A。(目的是设置限流保护电路动作电流接近 1 A)。限流电路调试示意图如图 6-13 所示。

图 6-12　OUTPUT 电压调试示意图

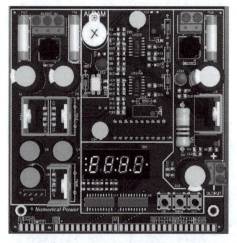

图 6-13　限流电路调试示意图

⑤ 如果测得 OUTPUT 端纹波较大，留意集成运放反馈回路的电阻与电容的配置。

任务测评

教师引导学生对任务进行分析和讨论，针对任务反映的问题，根据各组提出解决方法，做简短的点评或补充性、提高性的总结，并指导各组进行组内互评，最后完成总体评价，评价结果填入表 6-3、表 6-4 任务评价总表中。

表 6-3　组内互评表

任务名称				
小组名称				
评价标准		如任务实施所示，共 100 分		
序号	分值	组内互评（下行填写评价人姓名、学号）		平均分
1	50			
2	50			
总分				

表 6-4　任务评价总表

任务名称						
小组名称						
评价标准			如任务实施所示，共100分			
序号	分值	自我评价（50%）			教师评价 思政评价（50%）	单项总分
		自评	组内互评	平均分		
1	50					
2	50					
总分						

任务2　设计数字钟

任务解析

数字钟是一种用数字显示秒、分、时的计时装置，与传统的机械钟相比，它具有走时准确，显示直观、无机械传动装置等优点，因而得到了广泛的应用。小到人们日常生活中的电子手表，大到车站、码头、机场等公共场所的大型数显电子钟。在控制系统中也常用来做定时控制的时钟源。某科技公司对数字钟提出了下列要求：

① 具用时、分、秒十进制数字显示计时器功能；
② 具有手动校时、校分的功能；
③ 通过开关能实现小时的十二进制和二十四进制转换；
④ 具有整点报时功能。

知识链接

一、多功能数字钟原理

数字钟主干电路系统由秒信号发生器、"时、分、秒"计数器、校时电路及显示电路组成。秒信号发生器是整个系统的时基信号，它直接决定计时系统的精度，将标准秒信号送入"秒计数器"，"秒计数器"采用六十进制计数器，每累计 60 s 发出一个"分脉冲"信号，该信号将作为"分计数器"的时钟脉冲。"分计数器"也采用六十进制计数器，每累计 60 min，发出一个"时脉冲"信号，该信号将被送到"时计数器"。"时计数器"可以选择十二或二十四进制计时器，可实现 12 h 或 24 h 的累计。通过六个 LED 显示器显示出来，计数出现误差可用校时电路进行校时、校分、校秒。本次所设计的多功能数字钟用到了 555 定时器、74160 递增集成计数器、EWB 软件。555 定时器是一种模拟和数字功能相结合的中规模集成器件，74160 是 4 位十进制同步加计数器。多功能数字电子钟总体框图如图 6-14 所示。

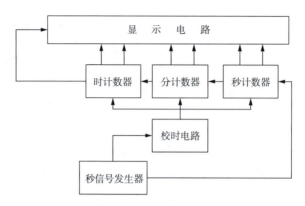

图 6-14 多功能数字钟总体框图

根据设计要求，首先建立一个多功能数字钟电路系统组成框图，如图 6-15 所示。

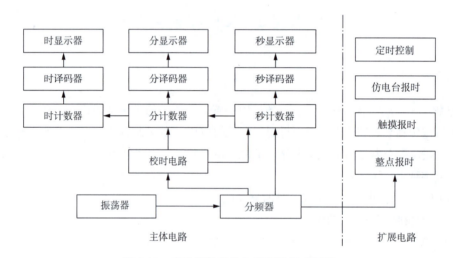

图 6-15 多功能数字钟电路系统组成框图

由图 6-16 可知，电路的工作原理是：多功能数字钟电路由主体电路和扩展电路两大部分组成。其中主体电路完成数字钟的基本功能，扩展电路完成数字钟的扩展功能。

振荡器产生的高脉冲信号作为数字钟的振源，再经分频器输出标准秒脉冲。秒计数器计满 60 后向分计数器个位进位，分计数器计满 60 后向时计数器个位进位并且时计数器按照"12 翻 1"的规律计数。计数器的输出经译码器送显示器。计时出现误差时电路进行校时、校分、校秒。扩展电路必须在主体电路正常运行的情况下才能进行扩展功能。实现同步六十进制计数。数字钟功能表见表 6-5。

表 6-5 数字钟功能表

功能	具体说明
电源	5 V
时钟信号输入	接 1 Hz 的信号源

续上表

功能	具体说明
进位输入	接秒的进位信号，实现秒功能时，接低电平
进位输出	秒模块接分模块，分模块接时模块
显示输出	接到译码器输入，能闪烁
闹钟比较信号输出	接到闹钟，秒模块悬空
整点报时信号输出	接到响铃，实现响停交替五次响铃
调整使能端	入 0 有效。有效时，显示信号输出，同时屏蔽进位输入和进位输出，允许调整信号输入
显示使能端	入 1 有效
调整信号输入	

二、555 定时器

一般用双极性工艺制作的称为 555，用 CMOS 工艺制作的称为 7555。除单定时器外，还有对应的双定时器 556/7556。555 定时器的电源电压范围宽，可在 4.5~16 V 工作，7555 可在 3~18 V 工作，输出驱动电流约为 200 mA，因而其输出可与 TTL、CMOS 或者模拟电路电平兼容。

555 定时器成本低，性能可靠，只需要外接几个电阻器、电容器，就可以实现多谐振荡器、单稳态触发器及施密特触发器等脉冲产生与变换电路。它也常作为定时器广泛应用于仪器仪表、家用电器、电子测量及自动控制等方面。通常数字钟采用 555 定时器产生基准频率，为了实验的简化，采用晶振作为基准频率。

555 定时器的集成电路引脚如图 6-16 所示。1 引脚为接地端（GND）、2 引脚为低触发端（$\overline{TR}$）、3 引脚为输出端（OUT）、4 引脚为复位端（$\overline{R}$）、5 引脚为控制电压端（CO）、6 引脚为高触发端（TH）、7 引脚为放电端（D）、8 引脚为电源端（V_{CC}）。

555 定时器由分压器、比较器、基本 RS 触发器和放电三极管等部分组成，其内部电路图如图 6-17 所示。分压器由三个 5 kΩ 的等值电阻串联而成。分压器为比较器 A_1、A_2 提供参考电压，比较器 A_1 的参考电压为 $\frac{2}{3}V_{CC}$，加在同相输入端，比较器 A_2 的参考电压为 $\frac{1}{3}V_{CC}$，加在反相输入端。比较器由两个结构相同

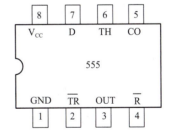

图 6-16 555 定时器的集成电路引脚

的集成运放 A_1、A_2 组成。高电平触发信号加在 A_1 的反相输入端，与同相输入端的参考电压比较后，其结果作为基本 RS 触发器 $\overline{R}_D$ 端的输入信号；低电平触发信号加在 A_2 的同相输入端，与反相输入端的参考电压比较后，其结果作为基本 RS 触发器 $\overline{S}_D$ 端的输入信号。基本 RS 触发器的输出状态受比较器 A_1、A_2 的输出端控制。$\overline{R}$ 是复位端，当其为 0 时，555 输出低电平，平时该端开路或接 V_{CC}。

CO 是控制电压端（5 引脚），平时输出 $\frac{2}{3}V_{CC}$ 作为比较器 A_1 的参考电平，当 5 引脚外接一个输入电压，即改变了比较器的参考电平，从而实现对输出的另一种控制。在不接外加电压时，通常接一

个 0.01 μF 的电容器到地，起滤波作用，以消除外来的干扰，确保参考电平的稳定。

VT 为放电管，当 VT 导通时，将给接于 7 引脚的电容器提供低阻放电电路。

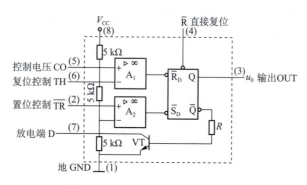

图 6-17　555 定时器的内部电路图

1. 555 定时器的功能

当复位控制端（TH）的电压大于 $\frac{2}{3}V_{CC}$ 时，写为 $U_{TH}=1$；当复位控制端（TH）的电压小于 $\frac{2}{3}V_{CC}$ 时，写为 $U_{TH}=0$。当置位控制端（$\overline{TR}$）的电压大于 $\frac{1}{3}V_{CC}$ 时，写为 $U_{TR}=1$；当置位控制端（$\overline{TR}$）的电压小于 $\frac{1}{3}V_{CC}$ 时，写为 $U_{TR}=0$。

555 定时器有"低触发"、"高触发"和"保持"三种基本状态。

① 当低触发端输入电压小于 $\frac{1}{3}V_{CC}$ 且高触发端输入电压小于 $\frac{2}{3}V_{CC}$ 时，$U_{TR}=0$，$U_{TH}=0$，比较器 A_2 输出为低电平，A_1 输出为高电平，基本 RS 触发器的输入端 $\overline{S}=0$、$\overline{R}=0$，使 $Q=1$，$\overline{Q}=0$，经输出反相缓冲器后，OUT 为 1，VT 截止。这时称 555 定时器"低触发"。

② 若低触发端输入电压大于 $\frac{1}{3}V_{CC}$ 且高触发端输入电压小于 $\frac{2}{3}V_{CC}$，则 $U_{TR}=1$，$U_{TH}=0$，$\overline{S}=\overline{R}=1$，基本 RS 触发器保持，OUT 和 VT 状态不变，这时称 555 定时器"保持"。

③ 若高触发端输入电压大于 $\frac{2}{3}V_{CC}$，则 $U_{TH}=1$，比较器 A_1 输出为低电平，无论 A_2 输出何种电平，基本 RS 触发器因 $\overline{R}=0$，使 $\overline{Q}=1$，经输出反相缓冲器后 OUT 为 0，VT 导通。这时称 555 定时器"高触发"。

CO 为控制电压端，在 OUT 端加入电压，可改变两比较器 A_1、A_2 的参考电压。正常工作时，要在 CO 和地之间接 0.01 μF（电容量标记为 103）电容。放电管 VT 的输出端为集电极开路输出。以上原理综合分析见表 6-6。

表 6-6　555 定时器的功能表

输入			中间状态		输出	放电管状态
高触发端电压 U_{TH}	低触发端电压 $U_{\overline{TR}}$	直接复位端 $\overline{R_D}$	$\overline{R}$	$\overline{S}$	Q	
×	×	0	×	×	0	导通
$>\frac{2}{3}V_{CC}$	$>\frac{1}{3}V_{CC}$	1	0	1	0	导通
$<\frac{2}{3}V_{CC}$	$>\frac{1}{3}V_{CC}$	1	1	1	保持	保持不变
$<\frac{2}{3}V_{CC}$	$<\frac{1}{3}V_{CC}$	1	1	0	1	截止

2. 555 定时器基本功能测试

按图 6-18 所示连接实验电路，测试 555 定时器的输入、输出关系。根据测试电路说明，按照步骤进行操作，将得出的数据填入所绘制的表中，从而可分析出 555 定时器的输入、输出关系。

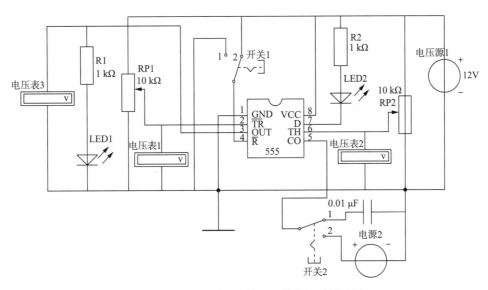

图 6-18　555 定时器的输入、输出关系测试图

测试电路说明：

① 开关 1 打到 2 端时，4 引脚复位端 $\overline{R}$ 接电源，也就是接高电平；开关 1 打到 1 端时，4 引脚复位端 $\overline{R}$ 接地，也就是接低电平。

② 开关 2 打到 2 端时，5 引脚控制电压端 CO 接电源 2，也就是接高电平；开关 2 打到 1 端时，5 引脚控制电压端 CO 悬空。

③ 调整可调电阻 RP1，控制 2 引脚低触发端的电压 $U_{\overline{TR}}$，其值可由电压表 1 读取；调整可调电阻 RP2，控制 6 引脚高触发端的电压 U_{TH} 的电压，其值可由电压表 2 读取。

④ 发光二极管 LED1 亮，说明输出端 3 引脚 OUT 输出高电平，用 U_{OH} 表示；发光二极管 LED1 灭，说明输出端 3 引脚 OUT 输出低电平，用 U_{OL} 表示。

⑤ 发光二极管 LED2 亮，说明 555 定时器内部三极管 VT 饱和，放电端 7 引脚对地近似短路，用

导通表示；发光二极管 LED2 灭，说明 555 定时器内部三极管 VT 截止，放电端 7 引脚对地近似断路，用截止表示。

经过测试，可以得出 555 定时器的输入、输出关系，见表 6-7。

表 6-7 555 定时器的输入、输出关系

复位端 $\overline{R}$	控制电压端 CO	高触发端电压 U_{TH}	低触发端电压 U_{TR}	输出端 OUT	VT 的状态
0	0	*	*	U_{OL}	导通
1	0	$>\frac{2}{3}V_{CC}$	$>\frac{1}{3}V_{CC}$	U_{OL}	导通
1	0	$<\frac{2}{3}V_{CC}$	$>\frac{1}{3}V_{CC}$	不变	不变
1	0	*	$<\frac{1}{3}V_{CC}$	U_{OH}	截止
1	1	$>U_{CO}$	$>\frac{1}{2}U_{CO}$	U_{OL}	导通
1	1	$<U_{CO}$	$>\frac{1}{2}U_{CO}$	U_{OL}	不变
1	1	*	$<\frac{1}{2}U_{CO}$	不变	截止

注：* 表示空载。

三．递增集成计数器 74160

74160 是 4 位十进制同步加计数器，其中 CLR 是异步清零端，LOAD 是预置端，A、B、C、D 是预置数据输入端，ENP 和 ENT 是计数使能端，RCO 是进位输出端，它的设置为多片集成计数器的级联提供了方便，CLK 为时钟控制端。图 6-19 为 74160 的引脚图；74160 的功能表见表 6-8，表中 *1 表示 RCO 在从 9 变为 0 时输出为 1。

图 6-19 74160 的引脚图

表 6-8 74160 的功能表

清零	预置端	使能端		时钟控制端	预置数据输入端				输出					工作模式
$\overline{CLR}$	$\overline{LOAD}$	ENP	ENT	CLK	A	B	C	D	Q_A	Q_B	Q_C	Q_D	RCO	
0	×	×	×	×	×	×	×	×	0	0	0	0	0	异步清零
1	0	×	×	↑	×	×	×	×	A	B	C	D	*1	同步置数
1	1	0	×	×	×	×	×	×	保持					数据保持
1	1	×	0	×	×	×	×	×	保持					数据保持
1	1	1	1	↑	×	×	×	×	十进制计数					加法计数

当输入端 $\overline{CLR}=0$ 时，不论有无时钟脉冲 CLK，计数器输出将被直接置零，称为异步清零；当预置端 $\overline{LOAD}=0$ 时，无论其他输入状态如何，计数器输出将直接置数，称为同步置数。

当 $\overline{CLR}=\overline{LOAD}=ENP=ENT=1$ 时，在计数脉冲（上升）作用下，进行计数。

四、递增计数器 74160 的基本功能检测

74160 为一个具有清零与置数功能的十进制递增计数器，由显示器件库中选择带译码器的七段显示数码管与计数器输出端相连，在信号源中选择方波电压（频率为 1 kHz，占空比为 50%，幅值为 5 V）作为计数器的时钟脉冲源，将脉冲源及计数器输出端连接至逻辑分析仪输入端，便于观察波

形,电路如图 6-20 所示。

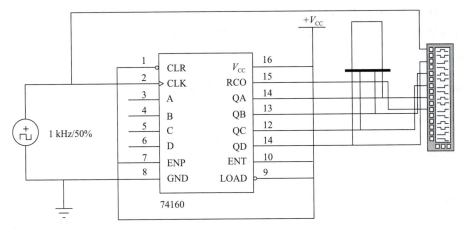

图 6-20　74160 递增计数器基本功能检测

任务实施

本任务建议分组完成,每组 4~5 人(包括组长 1 人),组内成员分别独自完成知识链接相关知识的学习,组长根据成员的学习情况进行分工,各成员根据分工通过分头查阅资料,进行小组讨论,完成相应的工作。

一、学习相关知识,分解任务,进行小组分工

任务分工表见表 6-9,根据实际情况填写。

表 6-9　任务分工表

任务名称				
小组名称			组长	
小组成员	姓名		学号	
	姓名		学号	
	姓名		学号	
	姓名		学号	
	姓名		学号	
小组分工	姓名		完成任务	

二、秒电路（20 分）

秒电路由两片 74161 计数器加秒脉冲来实现六十进制的计数，再通过两片 7447 译码器将信号给到显示模块来实现秒的功能。请在 Multisim 软件中绘制仿真电路。

三、分电路（20 分）

分电路和秒电路一样为六十进制，由两片 74160 计数器和秒进位脉冲来实现分功能，再由 7447 译码器将信号给到显示电路。请在 Multisim 软件中绘制仿真电路。

四、时电路（20 分）

时电路和秒电路、分电路有所不同，时电路为二十四进制，可由两片 74160 计数器和分进位脉冲实现时功能，再由译码器将信号给显示电路。请在 Multisim 软件中绘制仿真电路。

五、星期电路（10 分）

基本功能中，星期显示最为复杂，因为计数器默认初始值为 0，可能导致下载至实验箱初始星期显示为 0。另外，根据要求需显示星期一、二、三、四、五、六、日，又加大了星期电路的设计难度。为解决上述问题，此处采用逻辑门通过一些逻辑关系来实现星期功能。星期功能真值表见表 6-10。

表 6-10 星期功能真值表

Q_D	Q_C	Q_B	Q_A	D	C	B	A
0	0	0	0	0	0	0	1
0	0	0	1	0	0	1	0
0	0	1	0	0	0	1	1
0	0	1	1	0	1	0	0
0	1	0	0	0	1	0	1
0	1	0	1	0	1	1	0
0	1	1	0	0	1	1	1

通过真值表对应的关系，画出卡诺图，化简得到 A、B、C、D 与 Q_A、Q_B、Q_C、Q_D 对应的逻辑关系，虽然逻辑电路比较复杂，但是解决了计数器默认初始值为 0 导致星期显示存在 0 的情况，并且实现了周六到周日到周一的完美跳转。请在 Multisim 软件中绘制仿真电路。

六、校时功能（10 分）

当重新接通电源或走时出现误差时都需要进行校正，本次校时电路采用的是自动校时，校准对象为分、时、星期。

初始 QN 端口数据为 1，在没有进位脉冲和校时需求的情况下，校时取非（位 0）再和 1 与非为 1，校时（为 1）与进位端（为 0）取与非为 1，两个 1 信号再取与非后为 0，输出信号给到低位的置数端，此时 0 信号使其既不计数也不校时。而在有进位脉冲而没有校时需求的情况下，校时端取非（为 0）再和 1 与非为 1，校时（为 1）与进位端（为 1）取与非为 0，此后 1 再与 0 取与非得到 1，此时 1 信号使其计数直到进位脉冲消失（即计数一个脉冲）。最后在有校时需求的情况下，由于 T 触发器的作用，使校时翻转为0，校时取非（为1）再和1与非得到0。另外，无论进位信号是1还是0和校时（为0）取与非均为1，此后0再和1与非得到1，自动校时功能打开，再次给T触发器脉冲即可关掉校时。请在Multisim软件中绘制仿真电路。

七、整点报时功能（10分）

一般电子钟都具有整点报时功能，即在时间出现整点时，电子钟会自动报时，以示提醒。其作用方式为秒计数的个位和十位以及分计数的个位和十位都为零时，触发发声器，即其全部为0000的时候，将这16位全部接到非门，将低电平转换成高电平，然后两两相与，最后输出接上发声器，即可实现正点报时功能。本次报时时间延长至5 s，从56 s时蜂鸣器便发出声响直至整点。请在Multisim软件中绘制仿真电路。

八、秒表功能（10分）

秒表功能实现计时，最大计时时间为60.99 s。请在Multisim软件中绘制仿真电路。

任务测评

教师引导学生对任务进行分析和讨论，针对任务反映的问题，根据各组提出解决方法，做简短的点评或补充性、提高性的总结，并指导各组进行组内互评，最后完成总体评价，评价结果填入表6-11、表6-12中。

表6-11 组内互评表

任务名称						
小组名称						
评价标准		如任务实施所示，共100分				
序号	分值	组内互评（下行填写评价人姓名、学号）				平均分
1	20					
2	20					
3	20					
4	10					
5	10					
6	10					
7	10					
总分						

表 6-12　任务评价总表

任务名称						
小组名称						
评价标准			如任务实施所示，共 100 分			
序号	分值	自我评价（50%）			教师评价思政评价（50%）	单项总分
		自评	组内互评	平均分		
1	20					
2	20					
3	20					
4	10					
5	10					
6	10					
7	10					
总分						

润物无声

正确认识整体与局部

事物可以分解为若干部分，整体是由各部分构成的，没有部分就无所谓整体。部分是整体的一环，整体和部分的划分是相对的，事物作为整体所呈现的属性和规律与其部分孤立状态下所具有的有质的区别。整体和部分是有机统一的集合，各个部分通过一定的结构形式互相联系、相互作用着，从而赋予整体某种新的属性和规律。部分和整体之间的关系是动态的，受到环境改变的制约。

在电路设计中，需要理解整体和局部之间的关系，关注局部子电路的影响，实现整体和局部的平衡。

项目总结

本项目通过两个常用的实际电路案例，介绍了电子产品的基本设计流程，模拟电路和数字电路常用元器件的选用，电路的设计、仿真、装配及调试等内容。通过本项目任务的操作，掌握根据工作任务的要求进行小型电子产品设计的方法。培养流程意识、管理意识以及顶层设计意识。

思考与练习

（1）简述电子设计的主要流程。
（2）通过综合电路的训练，请说出三个电子设计过程中最应该注意的地方。
（3）简述程控电源的原理。
（4）简述数字钟的原理。
（5）简述在电子设计调试过程中的注意事项。

附录 A 图形符号对照表

图形符号对照表见表 A-1。

表 A-1 图形符号对照表

序号	名称	国家标准的画法	软件中的画法
1	发光二极管		
2	电阻器		
3	二极管		
4	接地		
5	滑动变阻器		
6	稳压管		
7	光电耦合器		
8	按钮开关		

参考文献

［1］白秉旭．电子产品装配及工艺［M］．北京：电子工业出版社，2017．
［2］张健，程国建．电子装配工艺与实训［M］．重庆：西南师范大学出版社，2015．
［3］林修杰，黄祥本．电子装配工艺实践教程［M］．北京：机械工业出版社，2017．
［4］曹白杨．电子产品工艺设计基础［M］．北京：电子工业出版社，2016．
［5］陈尚松．电子测量仪器［M］．北京：高等教育出版社，2015．
［6］李明生．电子测量仪器与应用［M］．北京：电子工业出版社，2015．